Warum gehen Seifenblasen im Regen nicht kaputt ?

Warum gehen Seifenblasen im Regen nicht kaputt?

... und 125 weitere spannende Fragen des Alltags

riva

Bibliografische Information der Deutschen Nationalbibliothek:
Die Deutsche Nationalbibliothek verzeichnet diese Publikation in der Deutschen Nationalbibliografie; detaillierte bibliografische Daten sind im Internet über http://d-nb.de abrufbar.

Für Fragen und Anregungen:
Kopfball@rivaverlag.de

1. Auflage 2014

Nymphenburger Straße 86
D-80636 München
Tel.: 089 651285-0
Fax: 089 652096

Redaktion: Mag. Mareike Fallwickl-Glavnik, Ingo Knopf
Umschlaggestaltung: Kristin Hoffmann
Umschlagabbildung: Shutterstock
Illustrationen Innenteil: Gisela Rüger, München
Satz: Carsten Klein, München
Druck: CPI – Ebner & Spiegel, Ulm
Printed in Germany

ISBN Print 978-3-86883-412-3
ISBN E-Book (PDF) 978-3-86413-562-0
ISBN E-Book (EPUB, Mobi) 978-3-86413-563-7

Weitere Informationen zum Verlag finden Sie unter
www.rivaverlag.de
Beachten Sie auch unsere weiteren Verlage unter
www.muenchner-verlagsgruppe.de

Inhalt

Essen und Trinken

?

Warum verschüttet man eine Tasse Kaffee eher dann, wenn man beim Gehen auf die Tasse schaut, als wenn man auf den Boden sieht?

Wer kennt das nicht: Gerade hat man sich eine Tasse schönen heißen Kaffee zubereitet und versucht, ihn vorsichtig, mit wachsamen Augen, zu transportieren. Und genau in dem Moment schwappt die heiße Fracht über. Interessanterweise scheint dieses Malheur immer dann zu passieren, wenn man die Tasse besonders gut im Auge behält. Doch warum verschüttet man eine Tasse Kaffee eher, wenn man beim Gehen draufschaut, als wenn man geradeaus blickt?

Das Kopfball-Team ging ans Werk und baute einen Hindernisparcours aus Stufen und Kurven auf, den es einmal mit Blick auf die volle Tasse und einmal mit Blick geradeaus zu bewältigen galt. Das interessante Ergebnis des Versuchs: Wenn man beim Gehen nicht auf die Tasse achtet, wird nichts verschüttet. Achtet man auf die Tasse, landet beinahe der gesamte Inhalt auf der Untertasse.

Je mehr man die Tasse im Auge behält, umso mehr Kaffee wird verschüttet. Das Gehirn braucht Informationen aus der Umgebung, um die Balance der Tasse halten zu können.

Mithilfe einer Videoaufzeichnung war es möglich, die unterschiedlichen Auf-und-ab-Bewegungen des Arms darzustellen. Diese waren beim Blick auf die Tasse wesentlich ausgeprägter. Der Grund: Der Blick auf die Tasse vermittelt dem Gehirn eine falsche Position im Raum. Die Augen, die die Umgebung dabei nicht wahrnehmen, beschreiben dem Gehirn nur das Bild der Tasse. Das Gehirn hat keinen Anhaltspunkt, um festzustellen, ob die Tasse gerade ist oder nicht.

Das Ergebnis: Für das Gehirn scheint die Tasse vollkommen gerade, selbst wenn man einen Kopfstand macht. Also sendet es keine Impulse zu Korrektur der Bewegung aus.

Um eine Tasse samt Inhalt sicher ans Ziel zu bringen, benötigt unser Gehirn Informationen über die Umgebung. Erst dann ist es in der Lage, den Muskeln die richtigen Befehle zu geben, um die Bewegungen und Erschütterungen beim Gehen möglichst auszugleichen.

Doch der Körper hat neben dem Gehirn auch noch andere Möglichkeiten, seine Position im Raum zu bestimmen: Es gibt das Gleichgewichtsorgan im Ohr, das durch die mit Flüssigkeit gefüllten Bogen Auskunft geben kann, wo oben und wo unten ist. Außerdem befinden sich in der Haut, den Sehnen und den Muskeln des Körpers die sogenannten Propriozeptoren, die Geschwindigkeit und Vibrationen messen können. Wie zuverlässig diese Systeme sind, zeigte der Blindtest: Gingen die Testpersonen mit verbundenen Augen durch den Hindernisparcours, verschütteten sie sogar weniger als beim Versuch, die Tasse im Auge zu behalten.

Es ist für den Körper also einfacher, die Bewegungen auszugleichen, wenn er keine visuellen Informationen hat, als wenn er falsche Informationen vom Auge bekommt.

?

Bleiben gepikste Eier beim Kochen eher heil als ungepikste?

Mit einer Umfrage unter Passanten konnte das Kopfball-Team diese Frage nicht klären. Denn die Eierpikser halten sich die Waage mit den Nichtpiksern. In Deutschland scheint die Bevölkerung geteilter Meinung zu sein, was das Eierpiksen betrifft. Und auch die Argumente stehen sich bei diesem Problem gegenüber: Die eine Hälfte behauptet, dass Eier, die man koche, ohne sie zuvor angestochen zu haben, aufbrächen. Die andere Hälfte sagt, das sei nicht der Fall, man könne die Eier auch ohne Anpiksen kochen und es passiere nichts dergleichen. Um genauere Daten zur Auswertung zu erhalten, hat Kopfball im Internet zum größten Eierkochwettbewerb der Welt aufgerufen. Bevor das Großprojekt »Eierkochen« startete, machte das Kopfball-Team den Test im Kleinen und verglich 49 Eier, die vor dem Kochen angepikst wurden, mit 49 Stück, die ohne Piks gekocht wurden. In beiden Fällen gingen gleich viele Eier zu Bruch. Zumindest in diesem kleinen Experiment machte es also keinen Unterschied, ob die Eier angestochen wurden oder nicht.

Das logisch klingende Argument, dass bei den Eiern, die angepikst werden, der Druck, der im Inneren des Eies während des Kochens entsteht, entweichen kann und sie deshalb nicht platzen, wird nicht bestätigt. Da ein Ei im Inneren aus Wasser (Eiklar besteht zu 88 Prozent aus Wasser) und Luft besteht, ist es zwar rein physikalisch logisch, dass der Druck während des Kochvorgangs steigt. Doch ein Experiment in der Kopfball-Werkstatt zeigte, dass das Ei einem Überdruck von einem bis zu drei Bar standhält. Das bedeutet aber auch, dass das Piksen vor dem Kochen nichts hilft. Denn das Ei erreicht bei einem Kochvorgang maximal einen Überdruck von einem Bar. Für den Eierkochwettbewerb im Internet wurden knapp 3000 Eier gekocht. Dabei gingen von den gepiksten Eiern im Durchschnitt zehn Prozent kaputt. Bei den nicht angestochenen Eiern waren es zwölf Prozent. Statistisch gesehen sind diese zwei Prozent Unterschied aber nicht relevant, wie die Universität in Münster bescheinigte. Es macht letztendlich, zumindest statistisch betrachtet, keinen Unterschied, ob Eier vor dem Kochvorgang angepikst werden oder nicht.

Warum ist das Berchtesgadener Leitungswasser so besonders sauber?

Auf die Suche nach dem Berchtesgadener Leitungswasser machte sich Kopfball im Wimbachtal, auf der Westseite des Watzmanns. Denn hier entsteht das Berchtesgadener Trinkwasser. Begleitet wurde das Team von Hydrologin Gabriele Kraller, Spezialistin für Wasser. Sie erklärte, dass die geologische Besonderheit des Tals der Grund für die Beschaffenheit des Wassers sei. Denn das Tal besteht aus riesigen Schotter- und Kiesflächen, die zwischen 250 bis 300 Meter tief sein können. Sie wirken wie ein riesiger natürlicher Wasserfilter, das sogenannte Wimbachgries. Diese großen Schotterfelder gehen zurück auf die Entstehung des Watzmannmassivs. Vor rund 30 Millionen Jahren, bei der Entstehung der Alpen, hob sich ehemaliger Meeresboden und türmte sich zu imposanten Gipfeln auf. Über die Jahrmillionen haben Wind und Wetter das Wimbachtal in das Massiv gegraben. Dabei wurde auch älteres Gestein freigelegt: das sogenannte Dolomit. Da dieses Gestein aber sehr brüchig ist, haben die Bruchstücke mit der Zeit das gesamte Tal aufgefüllt. Durch die natürliche Erosion schreitet dieser Prozess immer weiter fort. Die herausgebröckelten Bruchstücke reiben sich aneinander und werden dadurch immer feiner. Im Frühjahr während der Schneeschmelze sickert das Wasser durch das Gries in Richtung Tal. Dieser Vorgang dauert fünf bis zehn Jahre!

Anhand eines Modells veranschaulichte die Hydrologin den Vorgang. Durch die Feinkörnigkeit des Wimbachtalgrieses braucht das Wasser viel länger als bei grobkörnigerem Gestein, um durchzusickern. Außerdem hat der feine Sand eine stark reinigende Wirkung. Deshalb kommt das Wasser am Ende viel klarer als bei normalem Gestein im Tal an. Wie sich die Klimaveränderung auf die Region und im Speziellen auf die Beschaffenheit des Wimbachtalgrieses auswirkt, wird in einer Studie untersucht. Das Wasser für die Trinkwasserversorgung der Region wird unterirdisch abgeleitet und von den Hydrologen regelmäßig überprüft. Dabei hat es so gute Werte, dass man es direkt aus dem Bach trinken kann. Deshalb wird es auch direkt an den Verbraucher weitergeleitet und bedarf keiner weiteren Aufbereitung oder Reinigung.

?

Kann man Fisch tatsächlich in der Spülmaschine zubereiten?

Diese doch eher ungewöhnliche Frage führte die Kopfball-Reporter Adrian und Burkhardt sofort in die Werkstatt. Dort legten sie ein Stück Lachs in einem Bratschlauch in die Spülmaschine. Dazu kam etwas Lebensmittelfarbe, um nach dem Spülgang überprüfen zu können, ob Spülwasser an den Fisch geraten war. Denn dann wäre von dem Verzehr doch eher abzuraten gewesen. Die Spülmaschine wurde bei einer Temperatur von 65 Grad für 30 Minuten eingeschaltet.

Zum Vergleich brieten die Kopfball-Reporter gleichzeitig ein anderes Stück von dem gleichen Fisch nach herkömmlicher Art in einer Pfanne. Bei dem Lachs aus der Spülmaschine bestand die erste Schwierigkeit darin, die Brathülle so zu entfernen, dass das Spülmittel, das von außen an der Folie haftet, beim Öffnen nicht mit auf den Teller gerät. Aber die 65 Grad des Spülvorgangs haben genügt, um das Eiweiß gerinnen zu lassen. Das heißt, diese Kochart würde völlig ausreichen, um den Fisch zu garen. Der Geschmackstest bestätigte die Vermutung und überzeugte. Der gebratene Lachs ist durch die große Hitze wesentlich trockener als der in der Spülmaschine gedünstete. Er hat auch durch den hohen Verlust an Flüssigkeit sehr viel seines Aromas eingebüßt. Der Lachs aus der Spülmaschine ist durch die konstante Temperatur und die hohe Luftfeuchtigkeit sehr saftig und hat mehr Aroma. Das Fazit der Testesser und Kopfball-Reporter lautete einstimmig: Man kann Fisch sogar sehr gut in der Spülmaschine zubereiten!

?

Warum bleiben Spinatreste in der Spülmaschine oft am Teller kleben?

Dass man oft nach dem Spülgang Spinatreste auf dem Geschirr findet, liegt an der Beschaffenheit des Spinatblattes. Die Oberfläche ist sehr glatt und haftet deshalb besonders gut an anderen glatten Flächen. Sie kleben sich aneinander fest. Vor allem durch den Trockenvorgang der Spülmaschine wird dieser Effekt noch verstärkt: Der Spinat wird förmlich auf die Oberfläche des Geschirrs gebacken. Aber wenn der Spinat so fest klebt, warum verteilt er sich dann auch auf den anderen Geschirrstücken in der Spülmaschine? Das liegt an der Feinblättrigkeit des Spinats. Normalerweise werden Reste, die durch den Spülgang abgelöst wurden, in einem Sieb am Boden der Maschine eingefangen. Da der Spinat aber so fein ist, rutscht er immer wieder durch die Maschen des Siebs. Moderne Spülmaschinen sind zudem so konstruiert, dass sie möglichst wenig Wasser verbrauchen. Das heißt, dass die gleiche Menge immer wieder durch die Maschine gepumpt wird. Und damit auch der Spinat. So kann er sich an sämtliche Geschirrteile kleben. Am Ende bleibt nur eine Möglichkeit, die Spinatreste zu entfernen: durch gutes Vorspülen mit der Hand.

?

Wieso schrumpft Fisch beim Braten?

Ein Lebewesen besteht zu über 60 Prozent aus Wasser. Beim Erhitzen tritt das Wasser aus, und deshalb schrumpft der Fisch in der Pfanne. Aber warum schrumpfen manche Fischfilets viel mehr als andere? Die Kopfball-Reporter Adrian und Ulrike verpackten zwei unterschiedliche Stücke Fisch in hitzebeständige und wasserdichte Behälter. Damit sollte das beim Kochvorgang ausgetretene Wasser gemessen werden. Und tatsächlich kann man deutliche Unterschiede in der Menge des abgegebenen Wassers feststellen. Das liegt an der Behandlung der Fische. In vielen industriellen Fischbetrieben werden die Tiere nach dem Tod mit Phosphaten behandelt. Das hat den Hintergrund, dass sich die Muskeln des Fisches nach dem Tod zusammenziehen, wenn die Leichenstarre eintritt. Behandelt man ihn aber mit Phosphaten, bevor er in diesen Zustand kommt, wird zwischen den Muskeln Wasser gespeichert. Der Fisch sieht frischer aus und wiegt mehr. Der Fisch muss aber direkt nach der Behandlung mit den Phosphaten eingefroren werden, da das Wasser sonst wieder austritt. Diese Vorbehandlung der Fische bei der industriellen Verarbeitung ist nicht verboten, muss aber auf der Verpackung gekennzeichnet sein. Für den Verbraucher heißt das allerdings, dass er wesentlich weniger Fisch bekommen hat, als er dachte, gekauft zu haben.

?

Bleibt Flüssigkeit während einer Fahrt in einer Achterbahn im Becher?

Im Fantasialand in Brühl kann man eine Fahrt in der Black Mamba buchen. Diese Achterbahn ist weltweit einzigartig und gleichzeitig die schnellste Bahn im Vergnügungspark. Kann ein Getränk bei all den Loopings, Überschlägen und Kurven im Becher bleiben? Zusammen mit einem Physikprofessor wagte die Kopfball-Reporterin Isabel die Fahrt in der Achterbahn, um zu sehen, was mit der Flüssigkeit im Becher während der Fahrt passieren würde. Die Bahn erreicht bis zu 80 Stundenkilometer. Dabei werden die Fahrgäste zum Teil mit dem bis zu Viereinhalbfachen ihres Körpergewichts in die Sessel gepresst. Laut dem Physiker Professor Marek Kowalski von der Universität Bonn kommt es bei einer Fahrt mit Getränk hauptsächlich darauf an, dass die Summe aller Kräfte den Inhalt in Richtung Boden drückt. Ist das der Fall, bleibt das Getränk im Becher. Wenn man also schnell genug durch den Looping fährt, dürfte die Flüssigkeit nicht herausrinnen.

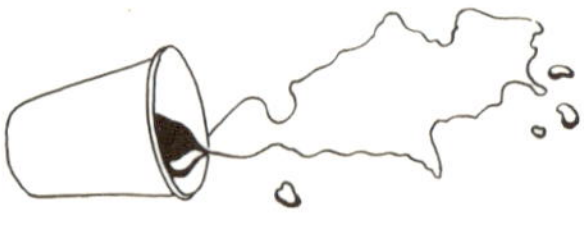

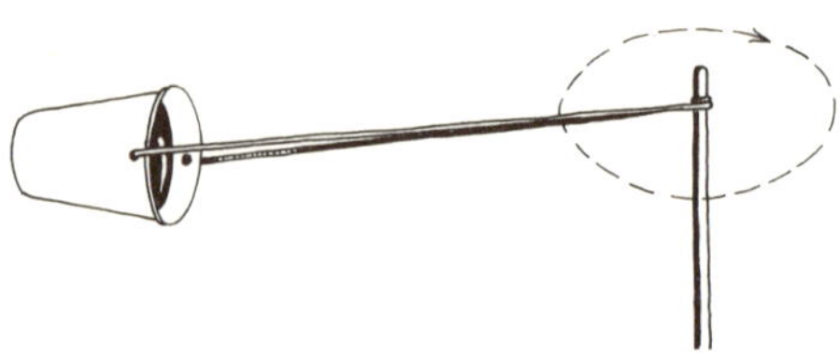

Wenn sich der Becher mit hoher Geschwindigkeit auf einer Kreisbahn bewegt, wirkt eine starke Fliehkraft. Sie sorgt dafür, dass die Flüssigkeit im Becher bleibt.

Der Becher wurde für den Test an einem der Sessel der Fahrgäste befestigt, und die Fahrt konnte losgehen. Das Ergebnis: Der Becher war leer! Die gesamte Flüssigkeit wurde verschüttet.

Das Interessante dabei ist, dass das aber nicht während des Loopings passiert ist, sondern ein paar Kurven später. Im Looping blieb das Getränk im Becher, obwohl die Schwerkraft, die auf die Cola wirkt, eigentlich will, dass die Flüssigkeit nach unten fällt. Da sich der Becher aber mit hoher Geschwindigkeit auf einer Kreisbahn bewegt, wirkt eine starke Fliehkraft. Sie versucht, die Flüssigkeit nach außen zu drücken. Die Cola bleibt am Ende im Becher, weil die Fliehkraft in diesem Moment größer ist als die Erdanziehungskraft. Die Achterbahn fährt nach dem Looping eine Strecke, bei der es sehr schnell nach unten geht. Das ist der Grund dafür, warum die Flüssigkeit eben in diesem Moment aus dem Becher rinnt. Denn die Schwerkraft drückt die Cola jetzt zwar in den Becher, der aber so schnell nach unten beschleunigt wird, dass dem Getränk sozusagen der Boden unter den Füßen weggezogen wird. Die Cola bleibt träge in der Luft stehen, und der Passagier, der weiter beschleunigt wird, fährt durch die Cola hindurch. Das Verbot, Getränke mit die Achterbahn zu nehmen, macht also durchaus Sinn, wenn man nicht den restlichen Tag nass verbringen möchte.

?

Warum schmilzt die Schokolade beim Backen von Schoko-Croissants nicht?

Wenn ein Schokoladen-Croissant gebacken wird, ist es den hohen Temperaturen des Ofens ausgesetzt. Da Schokolade aber bekanntermaßen relativ schnell schmilzt, stellt sich die Frage, wie ein Croissant mit Füllung hergestellt werden muss, damit der Inhalt nicht einfach zerfließt. Der Trick dabei ist die Schokolade. Bäcker benutzen für Schokoladenfüllungen backstabile Schokolade. Sie wird in Stäbchenform hergestellt und in den Teig gelegt.

Dass diese Schokolade den Temperaturen beim Backen standhält, liegt an ihrer Zusammensetzung. Der Anteil der festen Inhaltsstoffe ist hier etwas höher als bei der normalen Schokolade. Gleichzeitig ist der Kakaobutteranteil um etwa 30 Prozent geringer. Die Kakaobutter ist der Inhaltsstoff der Schokolade, der am schnellsten schmilzt. Wegen dieser besonderen Zusammensetzung ist die Schokolade des Backstäbchens stabiler und weniger hitzeanfällig. Aber auch die backstabilen Stäbchen würden zu hohen Temperaturen nicht mehr standhalten. Deshalb gibt es noch einen zweiten Faktor, der für das Gelingen der Croissants ausschlaggebend ist: der Teig. Wenn man beim Backvorgang die Temperatur im Ofen mit der, die im Inneren des Croissants herrscht, vergleicht, stellt man fest, dass die Temperatur im Inneren des Gebäcks um ca. 100 Grad geringer ist. Das liegt an der Beschaffenheit des Teigs. Er wird mehrere Male mit Butter bestrichen und danach gefaltet. Das heißt, es ergeben sich Schichten, die abwechselnd aus Teig und Butter bestehen. Bei einem Croissant können das bis zu 50 sein. Der Teig besteht auch aus Wasser, das beim Erhitzen zu Wasserdampf wird. Durch die Butterschichten kann das Wasser aber nicht entweichen, und das Gebäck bläht sich auf. Dabei entsteht gleichzeitig eine isolierende Schicht, die die Temperatur im Croissant reduziert.

Zum einen ist die spezielle Zusammensetzung der Schokolade dafür verantwortlich, dass sie nicht einfach schmilzt. Gleichzeitig sorgt die Machart des Teigs für genügend Isolation, um die Temperatur im Inneren des Croissants konstant zu halten.

?

Wie viel Energie steckt in einem Brötchen?

In einem normalen Brötchen stecken ungefähr 150 Kilokalorien. Diese Energie wird, nachdem das Brötchen gegessen und verdaut wurde, langsam von den Zellen im Körper verbrannt und genutzt, zum Beispiel für die Muskelkraft. Um zu zeigen, was diese 150 Kilokalorien bedeuten, muss man dafür sorgen, dass die gesamte Energie auf einen Schlag frei werden kann. Und genau das versuchte das Kopfball-Team mithilfe eines Pyrotechnikers. Der Fachmann erklärte, dass man mit 150 Kilokalorien eine beträchtliche Menge an Wärme erzeugen könne. Mit 150 Kalorien Schokolade, die man in Brand setzt, lässt sich zum Beispiel sogar ein Viertelliter Wasser zum Kochen bringen. Das ist für den Körper ein wichtiger Faktor, denn ein großer Teil der Energie, die wir zu uns nehmen, wird in Wärme umgewandelt. Mit diesen 150 Kilokalorien Energie kann die normale Körpertemperatur eines Menschen für bis zu drei Stunden aufrechterhalten werden. Würde man die Energie eines Brötchens in Strom umwandeln, wäre ein Schlag von dieser Stärke für einen Menschen tödlich! Und würde man die gleiche Energie in Bewegungsenergie umsetzen, wäre das ein Auto mit einer Geschwindigkeit von 120 Kilometern in der Stunde – ohne Luft- und Rollwiderstand. Aber trotz dieser Einschränkungen noch immer ein ganz schön beeindruckender Wert!

Um also zu demonstrieren, was passiert, wenn man die Energie des Brötchens schlagartig freisetzt, baute der Pyrotechniker Marc Speer einen Böller. Dessen Inhalt bestand aus dem gemahlenen Brötchen und etwas Oxidationsmittel. Dieses wurde benötigt, um genügend Sauerstoff für eine schlagartige Verbrennung zu liefern. Der Böller war mit einem elektrischen Zünder ausgestattet und in einem Eimer voll Schlamm versenkt. Peng!

Die frei gewordene Energie bei der Explosion des Brötchenböllers sprengte nicht nur den Eimer mit Inhalt, sondern hinterließ sogar noch einen Krater im Boden. Diese Energie hat der Körper zur Verfügung, wenn er die 150 Kilokalorien des Brötchens verbrennt.

?

Warum schillert Schinkenaufschnitt manchmal in bunten Farben?

Aufgeschnittener Schinken schillert manchmal in allen Farben des Regenbogens, und man bekommt den Eindruck, er sei nicht mehr frisch. Ist das wirklich so oder haben die schillernden Farben einen ganz anderen Grund? Metzger Jörg Spiegel zeigte Kopfball, wie Schinken hergestellt wird und wie es später zu den verschiedenen Farben kommt. Von einem Stück Schweinerücken wird der Knochen abgelöst, und das Fleisch wird danach gesalzen und geräuchert. Das Geheimnis der Farben auf dem Aufschnitt liegt an der Art und Weise, wie die einzelnen Scheiben nach dem Räuchervorgang vom ganzen Stück abgeschnitten werden. Die Scheiben müssen quer zur Faser abgeschnitten werden – dadurch bricht sich dann das Licht an der Oberfläche der Schinkenscheibe so, dass sie perlmuttfarben schimmert. Die im Fleisch enthaltenen Salzkristalle verstärken den Effekt dabei noch mehr. Würde man den Schinken einfach anders aufschneiden, wäre der schimmernde Effekt zwar nicht so stark, aber es würden dabei auch die Fasern des Fleischs reißen, und der Schinken wäre zäh.

Es ist also ganz im Gegenteil ein Zeichen von Qualität und der Beweis für einen guten Reifungsprozesses, wenn der Schinken in allen Farben schillert.

?

Wie wird das Mindesthaltbarkeitsdatum von Milch bestimmt?

Schätzungsweise elf Millionen Tonnen Nahrungsmittel landen wegen des abgelaufenen Haltbarkeitsdatums in Deutschland jedes Jahr auf dem Müll. Deshalb ist es interessant, herauszufinden, nach welchen Kriterien die Haltbarkeitsgrenzen ausgesucht werden. Denn wenn der Verbraucher wüsste, dass er auch abgelaufene Nahrungsmittel noch länger als angegeben nutzen könnte, wäre die Menge an verschwendeten Nahrungsmitteln vielleicht etwas geringer. Gerade Milchprodukte werden oft sofort am Tag des Ablaufdatums oder direkt danach entsorgt. Um zu verstehen, wie Milch haltbar gemacht wird und wie lange die Haltbarkeit andauert, besuchte das Kopfball-Team eine Molkerei. Hier kann man den Weg der Frischmilch zur haltbaren Milch mit verfolgen. Als Erstes wird die angelieferte Milch pasteurisiert, das heißt, sie wird 15 bis 30 Sekunden lang auf 72 bis 75 Grad Celsius erhitzt. Dadurch werden alle krank machenden Keime abgetötet. H-Milch wird ultrahocherhitzt, sie wird gekocht und ist dadurch fast ganz keimfrei. Deshalb variiert auch je nach Art der Milch das Mindesthaltbarkeitsdatum. Um das Mindesthaltbarkeitsdatum zu bestimmen, wird in der Molkerei Milch, die bereits zwei Tage abgelaufen ist, probiert. Gleichzeitig werden ständig Proben genommen, um das Wachstum der Keime zu beobachten. Anhand dieser Verköstigungen und der Wachstumsrate der Keime wird dann das Haltbarkeitsdatum ermittelt.

Eine Mitarbeiterin der Molkerei berichtete, dass das Mindesthaltbarkeitsdatum im Vergleich zu früher schon verlängert wurde, um der Verschwendung entgegenzuwirken. Doch laut ihrer Aussage ist dabei inzwischen das Limit erreicht. Denn die Molkereibetriebe garantieren immerhin die einwandfreie Qualität der Milch und stehen dafür mit ihrem Namen.

Das Mindesthaltbarkeitsdatum wird also von den Herstellern selbst festgelegt, wobei sie sich an festgelegte Grenzwerte halten müssen. Ein Mindesthaltbarkeitsdatum ist aber kein Verfallsdatum! Die Hersteller weisen auch darauf hin, dass man die Milch, nachdem man Geruch und Konsistenz überprüft hat, noch verwenden kann. Lebensmittel, die das Haltbarkeitsdatum überschritten haben, müssen deshalb nicht automatisch weggeworfen werden.

?

Warum muss man beim Zwiebelschneiden weinen?

Jeder kennt das: Man schneidet Zwiebeln, und dabei laufen die Tränen. Aber warum ist das so? In den Zwiebelzellen gibt es innere und äußere Zellschichten. In diesen beiden Schichten lagern zwei Stoffe: In der äußeren Zellschicht ist es Alliin, eine Aminosäure. In der inneren Zellschicht wird ein Enzym eingelagert, die sogenannte Alliinase. Wenn man diese zwei Schichten beim Schneiden mit einem Messer zertrennt, vermischen sich die beiden Stoffe, und es entsteht der typische Zwiebelsaft. Der Saft reagiert mit der Luft, und dabei einsteht Propanthialoxid, der Dampf, der für die Tränen verantwortlich ist. Dieser Dampf reizt die Schleimhäute und wurde im Laufe der Evolution von der Zwiebel entwickelt, um Fressfeinde zu vertreiben. Wie sieht es mit der Wirksamkeit der Hausmittel aus, die gegen das lästige Brennen helfen sollen? In der Kopfball-Werkstatt haben Adrian und Burkhardt folgende skurrile Tipps während des Schälens ausprobiert:

- *Eine brennende Kerze neben dem Schneidebrett*
- *Ein Streichholz im Mund*
- *Ein Löffel im Mund*
- *Ein Fön, der die scharfen Dämpfe fortblasen soll*
- *Die Zwiebeln vorher im Eisfach kühlen*
- *Eine Taucherausrüstung*

Das Ergebnis: Keines der hier genannten Hausmittel half gegen das Brennen und Tränen der Augen. Das Einzige, das den Schmerz ein wenig lindert, ist ein Schluck Wasser, der während des Schneidens im Mund behalten wird. Warum das so ist, weiß man nicht. Aber es ist klar, dass sich Reizgase in Wasser lösen.

Deshalb sollte man auch das Schneidebrett und das Messer, bevor man mit dem Schneiden beginnt, gut wässern. Ein zweiter Tipp ist ein scharfes Messer, denn je schärfer das Messer ist, umso weniger Zellen werden verletzt und umso weniger wird von dem reizenden Gas freigesetzt. Auch die Schneidetechnik kann dabei helfen: Man sollte, nachdem man die Haut der Zwiebel entfernt hat, die Wurzel nicht abschneiden und die Zwiebel der Länge nach ein-, aber nicht durchschneiden. Auch dann kann nicht so viel von den Dämpfen entweichen.

?

Warum sind rohe Eier so stabil?

Um herauszufinden, wie viel Gewicht rohe Eier wirklich aushalten können, stellten die Kopfball-Reporter Burkhardt und Isabel eine große Plexiglasschüssel auf drei rohe Eier – und füllten sie langsam mit Wasser. Jeder Liter mehr bedeutete auch ein Kilogramm mehr. Alle warteten gespannt darauf, bei welchem Gewicht die Eier platzen würden. Doch das geschah erst bei knapp 50 Kilogramm! Das bedeutet, dass jedes einzelne Ei einem Gewicht von fast 17 Kilogramm standgehalten hat. Und das, obwohl die Schale eines Eies gerade mal 0,4 Millimeter dick ist.

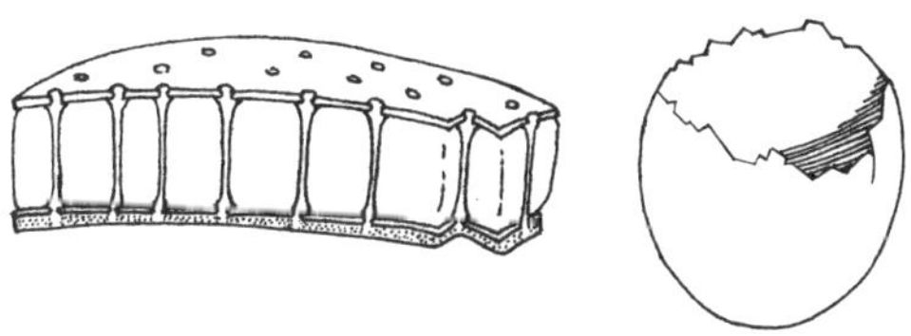

Der Aufbau einer Eierschale wurde von der Natur perfekt gelöst – die säulenartige Struktur im Inneren der Schale macht sie stabil und bietet dem Embryo zwei Dinge: Schutz vor Feinden, aber auch die Möglichkeit, die Schale selbst zu öffnen, wenn es an der Zeit ist.

Die Stabilität der Eier resultiert vorwiegend aus dem Aufbau und der Art des Materials, aus dem die Schale besteht. Dabei handelt es sich hauptsächlich um Kalk in Kristallform. Diese Kristalle sind wie kleine Säulen aufgebaut, die sehr eng aneinanderliegen. Das ergibt im Ganzen eine überaus stabile Struktur. Genauso wichtig für die Stabilität ist aber auch die Bogenform des Eies. Diesen Vorteil hat sich auch die Architektur zunutze gemacht – zum Beispiel beim Bau von Brücken: Alle Kräfte, die von außen auf den Bogen einwirken, werden zur Seite hin abgeleitet. Deshalb hält ein Bogen auch viel mehr aus als eine gerade Fläche. Wie stabil ein rohes Ei ist, kann man selbst testen, indem man versucht, es mit einer Hand zu zerdrücken. Es ist erstaunlich, wie viel Kraft benötigt wird, bis die Schale zerbricht. Nur wenn man einen punktuellen Druck ausübt, geht das Ei relativ schnell kaputt. Ein Ei besitzt also beide Eigenschaften, die es von Natur aus braucht – es muss möglichst stabil sein, um den Embryo im Inneren zu schützen. Aber es muss gleichzeitig von innen leicht zu öffnen sein, damit die Küken, wenn es so weit ist, schlüpfen können.

?

Warum verschließt man Sektflaschen mit Korken und nicht mit Schraubverschlüssen?

Die Vermutung, dass Sekt mehr Druck aufbaut als andere kohlensäurehaltigen Getränke und deshalb einen Korken als Verschluss benötigt, liegt nahe. Denn bei Sekt entsteht die Kohlensäure während des Gärungsprozesses in der Flasche, der immerhin zwei Monate dauert und dabei einen Überdruck von ca. vier Bar aufbaut. Deshalb ließ das Kopfball-Team bei diesem Versuch die Korken knallen: Wir haben verschiedene kohlensäurehaltige Getränke mit einem Korken verschlossen, um dann zu sehen, welches den größten Druck aufbaut und den Korken am weitesten fliegen lässt. In den Flaschen befand sich jeweils exakt die gleiche Menge an Flüssigkeit. Mithilfe einer Abschussvorrichtung mit einem Winkel von 45 Grad sollten die Korken unterschiedlich weit fliegen. Doch die Vermutung hat sich nicht bestätigt – alle Korken landeten nah beieinander und hatten somit ungefähr den gleichen Druck aufgebaut.

Auch der Geschmack kann nicht der Grund für die Verkorkung des Sekts sein. Denn sogar ein Fachmann konnte hier keine Unterschiede feststellen. Dafür aber konnte er die Frage der Verkorkung klären und das Rätsel lösen: Als man vor rund 250 Jahren mit der Herstellung von Sekt begann, gab es nur den natürlichen Korken als Verschlussmöglichkeit. Und seitdem ist der Korken gesetzlich verordnet. Die Hersteller sind verpflichtet, die Flaschen mit einem pilzförmigen Korkverschluss zu verschließen. Nur bei kleineren Mengen bis zu 200 Milliliter, wie zum Beispiel bei Piccolos, dürfen auch Schraubverschlüsse verwendet werden.

Der Korken im Sekt ist also Vorschrift und gleichermaßen Tradition, hat aber keinerlei Auswirkung auf den Inhalt der Flasche.

?

Ist Cornflakes tatsächlich Eisen beigemengt?

Mittlerweile sind Cornflakes bei vielen Menschen ein fester Bestandteil des Frühstücks. Auf der Packung kann man genau nachlesen, was alles in den Frühstücksflocken steckt. Und unter anderem stößt man dabei auch auf Eisen. Ist dieses Eisen von der Industrie künstlich beigemengt oder generell in den Flakes enthalten?

Der Kopfball-Versuch förderte Erstaunliches zutage. Dazu hat Reporter Burkhardt eine Hand voll Cornflakes in Wasser aufgelöst. Das dabei entstandene Gemisch weichte für eine halbe Stunde ein. Wenn man dann von außen mit einem starken Magneten an den Behälter fährt, kann das Eisen tatsächlich sichtbar gemacht werden. An der Innenwand des Gefäßes bildete sich ein kleiner Fleck des Metalls, der der Bewegung des Magneten folgte!

Der Hersteller der Cornflakes fügt also feinstes Eisenpulver zu. Ernährungstechnisch ist das aber gar nicht nötig, weil man bei gesunder Ernährung eigentlich schon genügend Eisen zu sich nimmt.

?

Kann man Eier im Backofen kochen?

Grundsätzlich wäre die Idee, die Frühstückseier gleich mit zu den Brötchen in den Backofen zu legen, gar nicht schlecht. Damit könnte man nicht nur Zeit, sondern auch Energie sparen. Normalerweise werden Eier in ca. 100 Grad warmem Wasser gekocht. Der Ofen, in dem für dieses Experiment die Brötchen schon fast fertig gebacken waren, hatte eine Temperatur von 180 Grad. Da müssten doch die letzten vier Minuten, in denen die Eier dazugelegt wurden, ausreichen, um sie zu kochen – so die Überlegung der Kopfball-Reporter. Doch die Eier sind nach dieser Zeit noch komplett roh. Ein Ei benötigt 62 Grad Innentemperatur, damit es anfängt zu stocken. Warum kocht ein Ei im Backofen nicht, obwohl es dort viel heißer ist als in kochendem Wasser?

Im heißen Wasser ist wesentlich mehr Energie enthalten als in der Luft mit derselben Temperatur. Die Anzahl der Moleküle ist der entscheidende Faktor, um ein Ei schneller zu kochen. Wasser besteht aus viel mehr Teilchen als Luft. Diese Teilchen oder Moleküle bewegen sich umso schneller, je heißer sie werden. Sobald diese Moleküle an das Ei stoßen, geben sie Bewegungsenergie ab. Dadurch werden die Moleküle wieder langsamer und kälter, während das Ei immer wärmer wird. In der Luft sind viel weniger Teilchen vorhanden, die gegen das Ei prallen könnten, und deshalb braucht das Ei mehr Zeit, bis es durch ist. Es ist also möglich, ein Ei im Ofen zu backen, aber es dauert länger. Wenn man das mit einkalkuliert, steht dem Frühstücksei aus dem Backofen nichts im Wege. Nach mehreren Tests hatte das Kopfball-Team herausgefunden, wie das mit dem Eierkochen im Ofen klappt: Wenn die Eier neun bis zwölf Minuten bei der gleichen Temperatur wie die Brötchen gebacken werden, sind sie genau richtig fürs Frühstück.

?

Wie unterscheiden sich Obst und Gemüse?

Bei der Benennung von Obst und Gemüse ist alles ganz klar und einfach: Der Apfel zählt zum Obst, der Blumenkohl zum Gemüse. Aber warum? Was macht den Unterschied? Bei diesem Problem konnte der Botaniker Dr. Karl-Heinz Linne von Berg von der Universität Köln weiterhelfen. Obst ist ihm zufolge eine Frucht, die aus der Blüte der Pflanze hervorgegangen ist und später den Samen in ihrem Inneren trägt. Beim Gemüse handelt es sich eindeutig nicht um eine Frucht, sondern um Pflanzenteile wie Blätter, Wurzeln oder einen Spross. Zudem muss Gemüse meistens vor dem Verzehr gekocht werden. Der Botaniker klärte auf, dass Tomate und Paprika für den Laien zwar zum Gemüse zählen, in der Botanik aber nicht. Denn sie entstehen aus einer Blüte als deren Frucht. Und sie beinhalten den Samen für die Nachkommen. Trotzdem sind sie weder mit Spinat und Co. noch mit einem süßen Apfel zu vergleichen. In der Botanik wird deshalb für solche »Grenzfälle« der Begriff Fruchtgemüse verwendet. Denn von der Entstehung her betrachtet handelt es sich um Früchte, aber gegessen werden sie als Gemüse.

Die Unterscheidungen sind also gar nicht so einfach, wie gedacht, und manchmal bedarf es sogar neuer Begriffe, um die Pflanzen oder Früchte einteilen zu können.

Naturphänomene

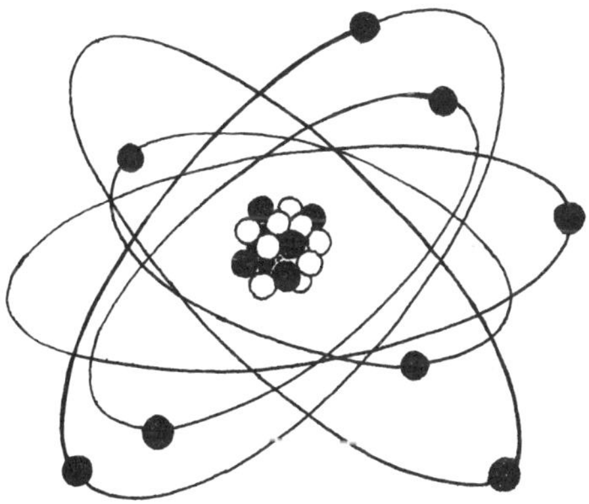

?

Warum gehen Seifenblasen im Regen nicht kaputt?

Wie kann es sein, dass den empfindlichen Seifenblasen Wassertropfen nichts anhaben können? Wenn man mit einer Hochgeschwindigkeitskamera filmt, wie ein Wassertropfen auf eine Seifenblase trifft, stellt man Folgendes fest: Entweder prallt der Tropfen einfach von der Oberfläche der Seifenblase ab, oder er geht direkt durch die Blase hindurch. Die Lösung der Frage liegt in der Beschaffenheit der Seifenblasenhaut: Diese besteht zum einen aus Wassermolekülen und zum anderen aus Tensidmolekülen. Trifft ein Wassertropfen auf die Haut der Blase, vermischt sich das Wasser aus dem Tropfen mit dem Wasser der Haut, und der Tropfen gleitet hindurch. Das Wasser des Tropfens vermischt und verdünnt das Tensid-Wasser-Gemisch der Seifenblasenhaut, kann es aber nicht zerstören.

Die Seifenblasenhaut besteht aus Wasser- und Tensidmolekülen. Im Kopfball-Experiment stellen die Schraubenmütter die Wassermoleküle und die Streichhölzer die Tensidmoleküle dar. Trifft ein Wassertropfen auf die Haut der Blase , vermischt sich das Wasser aus dem Tropfen mit dem Wasser der Haut, und der Tropfen gleitet hindurch.

Das Kopfball-Team bewies dies anhand von Experimenten, bei denen es sogar möglich war, mit einem Wasserstrahl beziehungsweise einem mit Wasser befeuchteten Finger durch die Haut der

Seifenblase zu dringen, ohne dass sie zerplatzte. Verdünnt man die Tensidmischung der Blasenhaut allerdings zu lange mit Wasser, reißt diese am Ende doch.

?

Warum zerstören Orkane die Bäume im Waldinneren leichter als jene am Waldrand?

Im Jahr 2007 hat der Orkan Kyrill im Remscheider Stadtwald ganze Arbeit geleistet. Die Luftaufnahmen, die ein Oberforstrat Kopfball-Reporter Burkhardt vor Ort zeigte, waren erschreckend. Der einstmals dichte Stadtwald wurde im wahrsten Sinne des Wortes weggefegt. Übrig blieben ein paar Bäume am Rand des Waldgebiets. Eben dieses Phänomen führte zu der Frage, warum denn eigentlich bei einem Sturm die äußeren Bäume stehen bleiben, während die im Inneren des Waldes alle entwurzelt werden?

Der Oberforstrat erklärte das folgendermaßen: Die Bäume, die am äußeren Rand des Waldes stehen, haben mehr Platz, um zu wachsen und bekommen mehr Sonnenlicht. Sie können also größer werden und mehr Äste entwickeln. Je mehr Äste ein Baum hat, umso mehr Zucker kann er durch Fotosynthese mithilfe der Blätter generieren. Er wird stärker als ein Baum, der weniger Möglichkeit zur Energiegewinnung hat. Jetzt könnte man aber noch vermuten, dass die Bäume am Rand eines Waldes vielleicht auch einfach älter sind als die im Waldesinneren. Das ist aber nicht der Fall. Das Kopfball-Team hat das Alter der Bäume vor Ort bestimmt und erkannt, dass die älteren Bäume die im Inneren des Waldes waren. Gleichzeitig war es aber auffallend, wie viel dicker die Bäume am Rand des Waldes waren.

Da stellte sich dem Kopfball-Team gleich die nächste Frage: Wenn der Wind zuerst auf die starken Bäume am Waldrand trifft – warum fallen dann trotzdem die im Inneren des Waldes um? Professor Ruck ist Umweltaerodynamiker in Karlsruhe und kann anhand eines Modells den Wind sichtbar machen.

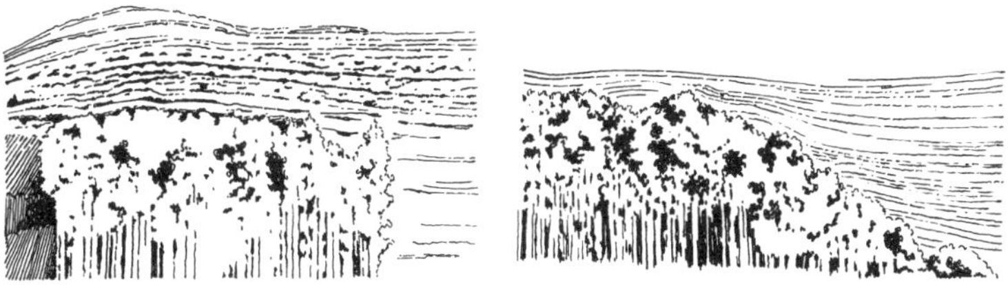

Um verheerenden Sturmschäden entgegenzuwirken, bietet es sich an, den Waldrand als eine Art »Wellenbrecher« anzulegen.

Damit konnte er dem Team bei der Klärung dieser Frage helfen. Mithilfe des Models eines Waldes im Windkanal und einer Highspeedkamera zeigte der Experte, dass die Windströmung vom Waldrand hin zum Waldesinneren immer unruhiger wird. Nachdem der Wind auf die ersten äußeren Bäume getroffen ist, bilden sich Wirbel, die auf die Bäume in der Mitte hinabstoßen. Dabei wird das Kronendach beschädigt, was dazu führt, dass der Wind noch weniger Widerstand hat, dadurch in den Wald hineinblasen und am Ende die Bäume entwurzeln kann. Dazu kommt, dass der Wind, nachdem er sich seinen Weg durch die Bäume am Rand gebahnt hat, auch noch frontal auf die Bäume im Inneren trifft. Das Kopfball-Team fragte den Fachmann, ob es denn Möglichkeiten gebe, den Wald vor dieser Art der Zerstörung zu schützen. Anhand des Models erklärte Professor Ruck, dass mittlerweile bei der Beforstung darauf geachtet wird, dass die Waldkante eine Schräge bildet. Durch diese Art der Pflanzung wirkt die Kante des Waldrandes wie eine Art Wellenbrecher auf den Wind. Er wird zum einen abgebremst, und zum anderen können die Verwirbelungen sich nicht so stark entwickeln wie bei einer geraden Waldkante.

Warum ist Schaum immer weiß?

In der Kopfball-Werkstatt ging das Team der Frage nach, warum Schaum eigentlich immer weiß ist. Denn unabhängig davon, ob der Schaum auf dem Meer, in einer Badewanne oder auf einem Bier entsteht – er ist immer weiß! Schaum besteht aus vielen einzelnen farblosen Luftbläschen, die eng aneinander kleben. Und das ist auch der Grund dafür, dass Schaum immer weiß ist. Jede einzelne dieser Blasen ist durchsichtig, doch je mehr davon entstehen und je kleiner sie sind, umso weißer erscheint der Schaum. Diesen Effekt wiederholten die Kopfball-Reporter anhand eines Modells, bei dem Glaskugeln die einzelnen Schaumbläschen simulierten. Bei einer einzelnen Glaskugel kann man sehen, dass sie durchsichtig ist, weil das Licht ungehindert durch die Kugel dringen kann. Liegen aber mehrere Glaskugeln eng aneinander, wie die Luftbläschen beim Schaum, wird das Licht in alle Richtungen gebrochen. Es entsteht sozusagen ein Durcheinander fürs Auge, das wir als Weiß wahrnehmen. Dasselbe passiert auch, wenn man zum Beispiel grünes Flaschenglas so lange zerkleinert, bis eine Ansammlung von kleinsten Glasteilchen in Form eines Pulvers entsteht. Auch das Pulver ist durch die wiederholte Lichtbrechung nicht mehr grün wie das Glas, sondern weiß. Dabei spielt auch die Farbe des Lichts eine große Rolle: Der Schaum ist weiß, weil das Tageslicht, das gebrochen wird, weiß ist. Würde man den Schaum mit grünem Licht anstrahlen, wäre er grün.

?

Warum bröckelt die Küste auf Rügen?

Jedes Jahr werden 1,5 Millionen Besucher von Rügens Attraktion Nummer eins angezogen: den Kreidefelsen. Doch beinahe überall befinden sich Warnhinweise, dass die Klippen nicht betreten werden dürfen, weil Lebensgefahr besteht. Gemeinsam mit dem Geologen Professor Martin Meschede machte sich Kopfball-Reporter Adrian auf in die Luft, um die Küste vom Flugzeug aus zu betrachten. An der nördlichen Spitze der Insel, dem Kap Arkona, kann man die Schäden deutlich erkennen. Der Geologe zeigte Aufnahmen des Kaps aus den Dreißigerjahren und verglich sie mit Fotos von heute. Der Unterschied ist frappierend: Ganze Stücke des Kliffs sind auf den Fotos von heute nicht mehr zu sehen. Der Geologe erklärte, dass man davon ausgehen kann, dass ungefähr 30 Zentimetern Land pro Jahr im Meer versinken. Das sind in 100 Jahren 30 Meter.

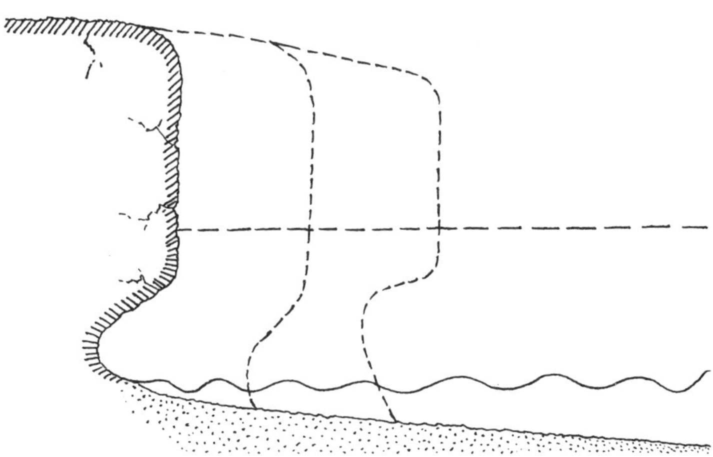

Das Wasser der Ostsee ist der größte Feind der Küste auf Rügen. Welle für Welle wird das Gestein abgetragen und die Felsen ausgehöhlt – immer mehr Felsen brechen ab.

Die Kreide, aus der die Klippen bestehen, ist ausschließlich aus Mikrofossilien aufgebaut und deshalb extrem feinkörnig. Zusammengepresst ergibt sie den Sockel der Insel. In bearbeiteter und gepresster Form entsteht aus diesem Rohstoff auch die herkömmliche Kreide. Die Küste Rügens besteht also aus winzigen fossilen Ablagerungen, die sich vor Jahrmillionen auf dem Grund des Meeres angesammelt haben. Da aber auf diese Ablagerungen im Laufe der Zeit nicht so viel Druck von oben ausgeübt wurde wie zum Beispiel bei der Entstehung der harten Kalkstein- oder Marmorküsten, sind die Kreidefelsen sehr anfällig für die Kräfte der natürlichen Erosion. Dabei macht vor allem das Wasser den Klippen zu schaffen. Da Wasser zum Teil aus Säure besteht, wird der feinkörnige Kalkstein durch die Brandung der Ostsee regelrecht ausgewaschen. Aber auch das Wasser, das von oben in den Stein sickert und im Winter gefriert, ist eine Gefahr. Denn das Eis sprengt ganz Teile der Küste ab. Dieser Prozess schreitet so schnell voran, dass Geologen von »Erdgeschichte im Zeitraffer« sprechen. Man könnte die Küste zwar schützen, indem man Wälle im Meer errichtet, die die Brandung abhalten. Dann hätte man allerdings keine Steilküste mehr. Die weißen Klippen würden verschwinden, weil sie allmählich zuwachsen würden. Sie entstehen nur durch den stetigen Fortlauf der Erosion, der das neue Gestein ans Licht befördert.

?

Wie kann man zeigen, dass die Erde sich dreht?

Im Februar 1851 gelang es dem Physiker Jean Bernard Léon Foucault mithilfe eines Experiments nachzuweisen, dass die Erde sich dreht und nicht, wie bis dahin vom Vatikan behauptet, stillsteht. Das Kopfball-Team baute diesen Versuch nach, um die Frage, wie man zeigen kann, dass die Erde sich dreht, zu beantworten. Wie im Foucault'schen Versuch benötigt man dazu ein Pendel. Durch die Bewegungen des Pendels kann die Drehung der Erde sichtbar gemacht werden. Zur Zeit von Foucault war es völlig logisch zu denken, dass sich die anderen Himmelskörper, nicht aber die Erde selbst bewegt. Denn wir drehen uns ja mit. Es ist also für den Menschen nicht wahrnehmbar, dass er sich mit der Erde dreht – es sieht für ihn so aus, als würden sich die anderen Himmelskörper bewegen. Foucault hat dieses Problem mithilfe eines Pendels gelöst. Er überlegte sich: Wenn das Pendel lange genug schwingen kann und sich in dieser Zeit die Erde unter ihm dreht, müsste das Pendel allmählich seine Richtung ändern. Und genau das war der Fall! Da der Wissenschaftler davon ausgehen konnte, dass keine anderen Kräfte von außen auf das Pendel wirkten, war bewiesen, dass nicht das Pendel, sondern der Boden selbst die Richtung änderte.

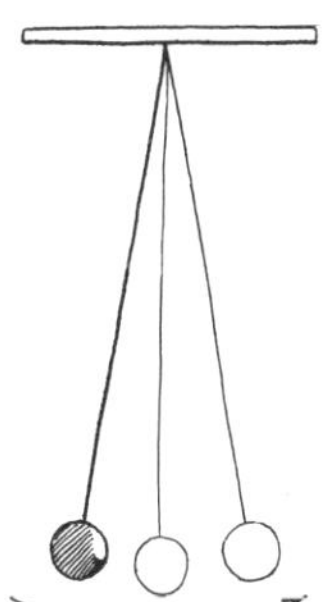

Mithilfe des Foucault'schen Pendels kann man zeigen, dass sich die Erde bewegt. Seinerzeit sorgte das Modell für eine Revolution in der Wissenschaft.

Diesen Versuch hat das Kopfball-Team in der Kopfball-Werkstatt nachgebaut. Wichtig war hierbei die Länge des Pendels. Auch Foucault musste nach einigen Testdurchläufen feststellen, dass erst die Länge des Pendels es ermöglichte, dieses lange genug schwingen zu lassen, um eine Veränderung messen zu können. Die 67 Meter, die Foucault für das Pendel im Pariser Pantheon benötigte, waren für die Kopfball-Reporter Ulrike und Burkhardt leider nicht nachzustellen. Aber durch ein paar Tricks von Prof. Szostak aus Münster konnte der Versuch auch in der Kopfball-Werkstatt rekonstruiert werden.

Nach einer Nacht, in der das Pendel gefilmt wurde, war der Beweis erbracht: Das Pendel schwang stetig in derselben Bewegung, und trotzdem waren alle Hindernisse, die um das Pendel aufgebaut waren, am nächsten Tag umgeworfen. Der Boden, auf dem die Hindernisse standen, hatte sich im Laufe der Nacht bewegt.

Warum gehen im Bermuda-Dreieck neben Schiffen auch Flugzeuge verloren?

Vor der Küste Floridas wollte Kopfball einem Mythos auf den Grund gehen: dem Bermuda-Dreieck. Seit dem Zweiten Weltkrieg sind Dutzende Kleinflugzeuge in diesem Gebiet verloren gegangen. In kaum einem anderen Gebiet der Welt liegen so viele Schiffs- und Flugzeugwracks auf dem Meeresgrund. Doch die meisten der verschollenen Flugzeuge werden bis heute vermisst.

Das Mysterium des Bermuda-Dreiecks – das Experiment erklärt, warum gerade in dieser Gegend der Erde so viele Flugzeuge abstürzen oder verschwinden.

Eine mögliche Erklärung für das Verschwinden der Flugzeuge liegt in ungefähr 2000 Metern Tiefe: gefrorenes Methan, das sogenannte Methanhydrat. Heutzutage wird es von Robotern in kleinen Mengen abgebaut. Da Methanhydrat leicht entzündlich ist, gehen Wissenschaftler davon aus, dass das Methangas durch Seebeben freigesetzt wird und an die Oberfläche schießt. Sobald es durch die Oberfläche des Wassers gedrungen ist, vermischt es sich mit Sauerstoff. Ein hochexplosives Gemisch entsteht. Wenn nun durch dieses Gemisch ein Flugzeug fliegt, bei dem durch die elektrostatische Aufladung, aber auch durch den Betrieb der Motoren Funken entstehen, kann sich das Gemisch entzünden, und es kommt zu einer Explosion.

Um dieser Vermutung nachzugehen, startete Kopfball ein Experiment: Ein Modellflugzeug sollte durch eine Methangaswolke fliegen. Damit bei dem Elektroflugzeug Funken entstanden, wurden brennende Wunderkerzen daran befestigt. Der Experimentalphysiker der Uni Essen, Dr. Notthoff, leitete den nicht ungefährlichen Versuch. Laut dem Experten war die Wahrscheinlichkeit, dass das Flugzeug die Methangaswolke entzünden würde, relativ gering. Vor allem hing alles von der richtigen Zusammensetzung des Gemischs ab. Und tatsächlich passierte beim ersten Versuch nichts, obwohl die Wolke exakt in dem Moment freigesetzt wurde, in dem das Flugzeug darüber hinwegflog.

Beim zweiten Versuch achtete Reporter Burkhardt darauf, eine Mischung von genau 10 Prozent Methan und 90 Prozent Sauerstoff zu erzeugen. Es funktionierte, die Funken der Wunderkerzen am Flugzeug entzündeten die Gaswolke! Das Flugzeug wurde von der Druckwelle der Explosion erfasst und stürzte brennend ab. Es ist also möglich, dass aufgrund dieser natürlichen Besonderheit des Bermuda-Dreiecks Methangaswolken freigesetzt werden, die in Kombination mit Sauerstoff und Zündquellen, wie bei einem Flugzeug, zu tödlichen Fallen werden können.

Man sollte aber nicht außer Acht lassen, dass im Bermuda-Dreieck ungefähr genauso viele Flugzeuge abstürzen wie in Nevada. Denn dort sind auch sehr viele Kleinflugzeuge unterwegs, und damit steigt die Wahrscheinlichkeit der Abstürze.

Wieso verbiegen sich Eisenbahnschienen bei großen Temperaturunterschieden nicht?

Durch ganz Deutschland ziehen sich mehr als 30.000 Kilometer Schienen! Wie kann es sein, dass sich das Metall bei Temperaturschwankungen nicht so dehnt oder zusammenzieht, dass sich die Schienen verbiegen? Zur Lösung dieses Rätsels begleitete Kopfball die Entstehung einer Schiene von Anfang an. Nach mehreren Pressvorgängen durch verschiedene Walzen verwandelt sich der heiße Stahl zu einer 120 Meter langen Schiene mit ca. sieben Tonnen Gewicht. Die Schienen werden später auf der Bahnstrecke Stück für Stück zusammengeschweißt, sodass auch Hochgeschwindigkeitszüge die Strecken befahren können.

Früher, als die Züge noch langsamer fuhren, war das nicht notwendig. Die Schienen waren nur ungefähr 10 bis 20 Meter lang und wurden miteinander verschraubt. Zwischen den Schienen wurde jeweils eine Dehnungslücke gelassen, die sogenannten Stoßfugen. Dadurch konnte sich das Metall bei Hitze ausdehnen und bei Kälte wieder zusammenziehen. Durch die Beschaffenheit dieser Lücken entstand auch das typische Geräusch bei einer Zugfahrt. Leider konnte man die Stoßfugen aber nicht nur hören, sondern auch spüren.

Auch heutzutage sind die Schienen extremen Temperaturschwankungen ausgesetzt. Sie müssen teilweise Unterschiede von bis zu 90 Grad Celsius ausgleichen. Damit sich aber auch die modernen Schienen bei diesen Belastungen nicht verbiegen, werden sie alle 60 Zentimeter mit einer 300 Kilogramm schweren Betonschwelle verschraubt. Diese Betonschwelle liegt in einem schweren Schotterbett. Insgesamt ergibt sich auf diese Weise also eine so schwere und fest miteinander verbundene Einheit, dass sich die Schienen nicht mehr verbiegen können. Die Gleise werden mit einem speziellen Schweißverfahren bei einem Mittelwert der Temperatur, der in Deutschland bei ungefähr 23 Grad liegt, miteinander verbunden. Danach ist die Fahrt auch für Hochgeschwindigkeitszüge frei.

?

Warum knistert ein Holzfeuer?

Zu einem gemütlichen Lagerfeuer gehört auch das knisternde und knackende Geräusch, mit dem das Holz verbrennt. Doch wie entsteht dieses Geräusch und warum ist es bei einem Kaminfeuer fast gar nicht zu hören? Um diesem Rätsel auf den Grund zu gehen, zeigte Botaniker Dr. Karl-Heinz Linne von Berg dem Kopfball-Team als Erstes mithilfe eines Kolbens, in dem sich Wasser befand, dass sich Wasser ausdehnt, wenn es erhitzt wird. Es wird zu Wasserdampf und nimmt im gasförmigen Zustand mehr als 1000-mal so viel Platz ein als im flüssigen Zustand.

Nadelholz speichert Wasser in seinen Zellen, die geschlossen sind. Wenn sich also das Wasser aufheizt und dadurch ausdehnt, geben die Zellen irgendwann dem Druck nach und platzen. Dieses Platzen verursacht das knisternde Geräusch. Warum aber hört man dieses Knistern beinahe nie bei einem Kaminfeuer? Für ein Kaminfeuer wird meistens Laubholz verwendet. Hier sind die Zellen im Inneren des Holzes aber nicht wie beim Nadelholz geschlossen. Die wasserleitenden Kanäle verlaufen in offenen Röhren von oben nach unten. Der entstehende Druck kann also entweichen!

Ein zweiter Grund für das starke Knacksen bei einem Feuer mit Nadelhölzern ist das Harz, das sich in den Harzkanälen befindet. Denn auch Harz wird bei Hitze gasförmig und dehnt sich aus. Die Harzkanäle platzen ebenfalls. Ein Holzfeuer knistert also am meisten, wenn es mit Nadelhölzern befeuert wird, weil das in den Zellen eingeschlossene Wasser und das Harz verdampfen.

Warum sind Sonnenuntergänge in der Stadt besonders rot?

Dass sich gerade in Großstädten besonders rote Sonnenuntergänge beobachten lassen, hängt mit der Verschmutzung der Luft zusammen. Das Licht der Sonne muss in der Luft einige Hindernisse überwinden, bevor es beim Betrachter ankommt. Diese Hindernisse sind unter anderem der Sauerstoff und der Stickstoff in der Luft, aber auch Schmutzpartikel, von denen es in den großen Städten am meisten gibt. Da das Licht aus kurzwelligen und langwelligen Strahlen zusammengesetzt ist, kommen die verschiedenen Farben unterschiedlich gut auf der Erde an. Die kurzwelligen Strahlen bestehen aus Farben wie Blau und Grün, die langwelligen unter anderem aus Gelb und Rot.

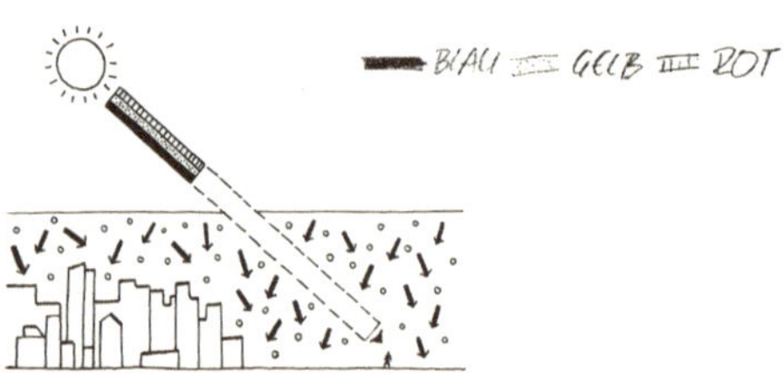

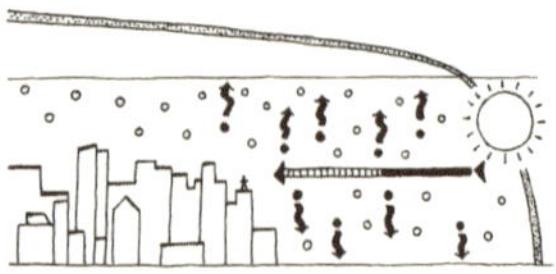

Es ist ein erstaunliches Phänomen der Natur, dass man die schönsten Sonnenuntergänge in einer Großstadt erleben kann. Dabei spielen die verschiedenen Wellenlängen des Lichts und die verunreinigte Luft über einer Stadt eine tragende Rolle. Je nachdem, wie das Licht gebrochen wird, erreichen mehr oder weniger rote Strahlen der Sonne die Erde.

Für die kurzwelligen Lichtstrahlen ist es aber viel schwieriger, die Hindernisse in der Luft zu passieren. Sie werden bei dem Aufprall gestreut und kommen nicht so weit wie die langwelligen Strahlen. Das ist der Grund, warum rotes Licht weiter und besser durch die Atmosphäre strahlen kann als zum Beispiel blaues Licht. Doch die Frage bleibt offen, denn man hat ja mittags genauso viele Partikel in der Luft wie abends! Das lässt sich mit dem Stand der Sonne erklären: Mittags steht die Sonne fast senkrecht am Himmel, und das Licht muss somit einen relativ kurzen Weg bis zur Erde zurücklegen. Abends dagegen steht die Sonne tief, und die Strecke, die das Licht zurücklegen muss, ist weiter. Da sich das rote Licht, wie gesagt, auf weiteren Strecken weniger von den Schmutzpartikeln ablenken lässt als das blaue oder grüne, kommt abends, wenn der Weg von der Sonne zur Erde weiter ist, auch nur das langwellige rote Licht an. Den gleichen Farbeffekt hat man zum Beispiel in der Wüste nach einem Sandsturm, wenn sich besonders viele Teilchen in der Luft befinden, die das kurzwellige Licht ablenken.

?

Kann man mit der Sonne Stahl schmelzen?

Das Kopfball-Team stellte sich der Frage und versuchte in diesem Experiment, einen Stahlträger auf 1400 Grad zu erhitzen, um ihn zum Schmelzen zu bringen – und das nur durch die Kraft der Sonne. Mit einer normalen Leselupe kann das Prinzip des Versuchs erklärt werden. Wenn man das Licht der Sonne durch die Lupe bündelt und auf einen Punkt konzentriert, erhält man schon eine ganz beachtliche Wärmequelle. Diese kleine Wärmequelle schafft es, an der Stelle, wo sie auf den Strahl trifft, dem sogenannten Brennpunkt, die Temperatur zu verdoppeln. Je größer die Lupe ist, desto mehr Strahlen können gebündelt werden und umso höher wird auch die Temperatur im Brennpunkt. Damit eine Lupe genügend Strahlen bündeln könnte, um den Stahlträger zum Schmelzen zu bringen, müsste sie einen Durchmesser von knapp vier Metern haben. Eine bessere Alternative wäre ein Spiegel. Spiegel sind nicht nur leichter, sondern reflektieren das Sonnenlicht so, dass bei der Reflektion nichts an Energie verloren geht. Mit einer zum Hohlspiegel umgebauten Satellitenschüssel gelang es Kopfball-Reporterin Isabel, das Sonnenlicht so zu bündeln, dass der Stahlträger heiß genug wurde, um darauf ein Spiegelei zu braten. Doch um ihn zu schmelzen, reichte die Temperatur noch nicht.

Das Team hoffte deshalb auf Unterstützung aus dem deutschen Zentrum für Luft- und Raumfahrt. Denn hier steht ein riesiger Solarofen. 159 einzelne Spiegel sind so angeordnet, dass sie das Sonnenlicht in einem Punkt, der etwa so groß ist wie eine 1-Cent-Münze ist, bündeln. Diese Anlage konzentriert das Sonnenlicht auf das Fünftausendfache. Dieser Ofen kann Temperaturen bis zu 2500 Grad erreichen. Kaum hatte das Experiment begonnen, kam das Kopfball-Team ins Staunen: Nach nicht einmal 15 Sekunden begann der Stahl zu schmelzen! Das Ergebnis: Mit der richtigen Bündelung ist es wirklich möglich, Stahl durch reine Sonnenkraft schmelzen.

?

Woraus besteht das Universum?

Um den komplexen Aufbau des Universums erklären zu können, bedient man sich am besten der bei Astrophysikern üblichen Einteilung: Sterne, schwere Elemente (zum Beispiel Planeten), Lichtteilchen, Neutrinos, freies Gas, Dunkle Materie und Dunkle Energie. Zu den Sternen, von denen es in unserem Universum 10 000 Milliarden gibt, kommen alle Objekte, die nicht selbst leuchten und aus schweren Elementen bestehen. Das sind zum Beispiel Planeten, Monde, Asteroide und auch Schwarze Löcher. Das alles zusammen ergibt aber nur 0,3 Promille des gesamten Universums! Viel mehr nimmt das freie Gas ein. Es besteht hauptsächlich aus Wasserstoff mit einer geringen Menge Helium und hat sich noch nicht zu einem Stern verdichtet. Dann gibt es noch die Neutrinos. Diese winzigen Teilchen werden zum Aufbau von Materie benötigt. Obwohl sie unsichtbar sind und kaum mit anderen Teilchen reagieren, kommen sie in außerordentlich großer Anzahl vor. Am Ende braucht es aber noch die Photonen. Denn ohne diese Lichtteilchen könnten wir vom Universum gar nichts sehen. Aus diesen Grundbaustoffen könnte man jetzt schon fast die Milchstraße erschaffen. Ein Element fehlt dabei aber noch: die Dunkle Materie. Sie ist zwar nicht zu sehen, aber sie beeinflusst die normale Materie in ihrer Verteilung und Bewegung. Woraus die Dunkle Materie besteht, weiß bis heute noch niemand genau. Noch rätselhafter für die Wissenschaft ist die Dunkle Energie. Das Einzige, was man weiß, ist, dass diese Energie mit über 70 Prozent den größten Teil des Universums ausmacht. Und dass sie dafür sorgt, dass sich das Universum immer weiter ausbreitet. Die größte uns bekannte Galaxie in unserer Nähe ist die Andromeda-Galaxie. Sie ist zweieinhalb Millionen Lichtjahre von uns entfernt. Insgesamt gibt es in unserem Universum ungefähr 100 Milliarden Galaxien, die gemeinsam eine riesige, schwammartige Struktur bilden. Ob es noch andere Universen gibt, ist eines der großen Rätsel der Menschheit.

Der menschliche Körper

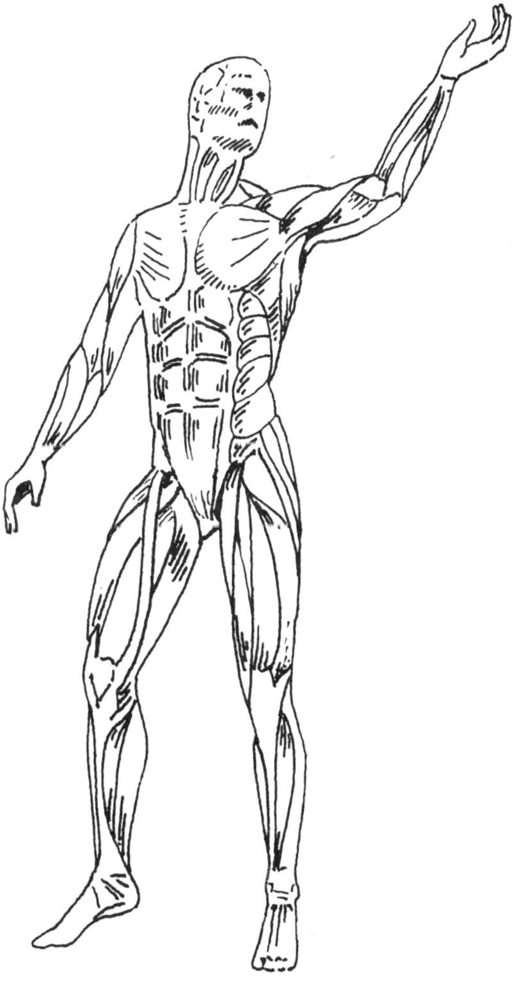

Würde ein Mensch es überleben, ständig verliebt zu sein?

Schmetterlinge im Bauch, ein Dauergrinsen auf den Lippen, und der Rest der Welt ist uninteressant – man ist verliebt! Doch so schön dieses Gefühl auch sein mag, für den Körper ist diese ständige Aufgeregtheit ziemlich anstrengend. Kann diese Anstrengung, wenn sie zu lange andauert, vielleicht sogar zum Tod führen?

Gemeinsam mit Professor Wolfgang Berner vom Hamburger Institut für Sexualforschung versuchte Kopfball deshalb, die Frage zu klären, ob ein Mensch ein Leben lang verliebt sein könnte, ohne körperliche Schäden zu bekommen oder sogar zu sterben. Als Erstes stellte der Mediziner generell klar: Nein, ein Mensch kann nicht an den Folgen dauerhafter Verliebtheit sterben!

Der Körper hat sozusagen ein eigenes Regelsystem, um dem Stress der Verliebtheit ein zeitliches Limit zu setzen. Laut Professor Berner klingt demnach der Zustand des Verliebtseins nach spätestens drei bis vier Jahren ab, damit der Zustand der Erregung und Euphorie auf ein normales und nicht so anstrengendes Niveau gebracht wird. Denn während der Phase der Verliebtheit entsteht ein Hormoncocktail im Körper, der für rauschartige Glücksgefühle, Euphorie und Aufregung bis hin zu Unzurechnungsfähigkeit verantwortlich sein kann. Laut Professor Berner wäre dieser Zustand durchaus anstrengend, ungefähr so, als würde man ein ständig andauerndes Fußballmatch ansehen. Man würde abmagern, und das Herz-Kreislauf-System wäre stark beansprucht, aber der Körper würde es überleben. Um den Körper aber auch vor dieser dauerhaften Anstrengung zu schützen, reguliert sich dieser Zustand nach dem besagten Zeitraum von ein bis drei Jahren von selbst. Die Antwort lautet also: Eine lebenslange Verliebtheit wäre für den Körper zwar eine permanente Herausforderung, aber nicht tödlich.

?

Kann man mit 1,2 Promille Blutalkoholgehalt noch sicher Auto fahren?

Wie ändert sich das Fahrverhalten, wenn man betrunken ist? Und wie sieht es mit der Selbsteinschätzung aus? Das waren die Ausgangsfragen, um herauszufinden, ob man mit 1,2 Promille noch sicher Auto fahren kann. Auf einem abgesperrten Parkplatz wagte Kopfball einen Selbstversuch, bei dem Kopfball-Reporter Klas ein Gläschen zu viel trank, um anschließend den für den Test aufgebauten Parcours zu bewältigen.

Der Parcours bestand aus Ampeln und Schildern, die es zu berücksichtigen galt, aber auch aus unvorhergesehenen Hindernissen, um die Reaktionsfähigkeit zu testen. Zudem wurde ein Slalom eingebaut, damit das Team feststellen konnte, ob und wie sich die Bewegungen der Augen im betrunkenen Zustand verändern. Ein Beifahrer war an Bord für den Fall, dass jemand schnell eingreifen würde müssen.

Im ersten Durchlauf musste Klas im nüchternen Zustand den Parcours bewältigen und machte alles richtig. Auch die Schikanen, die das Team eingebaut hatte, um das Reaktionsvermögen zu testen, meisterte der Moderator mit Bravour. Um den Unterschied der Augenbewegungen im nüchternen und im betrunkenen Zustand zu messen, wurde ein sogenannter Eyetracker eingesetzt. Das Gerät misst die Bewegungen der Pupillen und kann Auskunft darüber geben, wie schnell die Augen die Umgebung während der Fahrt erfassen. Im nüchternen Zustand macht ein Auge ungefähr drei Bewegungen pro Sekunde, um eine Szene zu erfassen. Der Eyetracker zeigt aber auch, wie genau zum Beispiel Objekte fokussiert werden.

Der zweite Durchlauf wurde unter anderem von einem Mitglied des Teams der leitenden Notärzte betreut, das den Promillegehalt des Testfahrers kontrollierte. Bei 1,13 Promille wurde der

Versuch gestartet, wobei sich der Fahrer nach eigener Aussage noch gar nicht so betrunken fühlte. Dieser Verlust der Selbstkontrolle ist schon das erste Problem bei einer alkoholisierten Autofahrt. Reporter Klas schätzte seine Fahrtüchtigkeit falsch ein und ging durch die enthemmende Wirkung des Alkohols meist ein zu hohes Risiko ein.

Schon beim Durchfahren des Slalomparcours wurde deutlich, was man auch an den Werten des Eyetrackers sehen konnte: Die Augen konnten die Hindernisse nicht mehr richtig fixieren. Was bei der ersten Fahrt fehlerfrei gelang, war im alkoholisierten Zustand nicht machbar – kein einziges der Hindernisse blieb stehen. Was die Ampeln und Verkehrsschilder betraf, nahm der Fahrer alle wahr und reagierte auch darauf. Das Tempo war höher als im ersten Durchlauf, der Fahrer war sichtlich »unbeschwert«. Das führte kurze Zeit später dazu, dass die Reaktion bei den unvorhergesehenen Hindernissen, wie zum Beispiel bei einem Auto, das seitlich aus einer Ausfahrt auf die Fahrbahn rollt, zu langsam war. Klas schaffte es nicht mehr, rechtzeitig zu bremsen und auszuweichen.

Damit war der Beweis erbracht, dass man auf keinen Fall bei 1,2 Promille noch sicher Autofahren kann. Sowohl die Reaktions- als auch die Sehfähigkeit sind zu stark eingeschränkt. Dazu kommt die enthemmende Wirkung des Alkohols, die den Fahrer dazu verleitet, sich zu überschätzen und zu schnell zu fahren. Es sollte also für jeden Autofahrer die Regel gelten, am besten nichts zu trinken, wenn man weiß, dass man noch fahren muss.

Warum kann man barfuß über glühende Kohlen laufen, ohne sich zu verbrennen?

Den Selbstversuch zu dieser Frage wagten die Kopfball-Reporter Burkhardt und Steffi. Sie wollten barfuß über eine Bahn mit heißer Asche laufen. Neben der Feuerwehr überwachte auch ein Experte für Wärmeübertragung der Universität Aachen den Versuch und lieferte mit speziellen Messgeräten die notwendigen Daten zur Auswertung.

Laut dem Experten müsste man unbeschadet über die Kohlen gehen können, da die Wärmeleitfähigkeit der Holzkohle relativ schlecht ist. Die Wärmeleitfähigkeit sagt aus, wie gut ein Körper Wärme auf einen anderen Körper übertragen kann. Eisen leitet Wärme zum Beispiel viel besser als Holzkohle. Wären die beiden Reporter also über eine Bahn heißer Eisenplatten gelaufen, hätten sie sich sofort verbrannt. Bei 377 Grad Celsius wurde der Versuch gestartet. Steffi und Burkhardt bekamen Temperaturfühler an die Fußsohlen geklebt, damit gemessen werden konnte, wie heiß diese bei dem Lauf über die Kohlen wurden.

Nach dem ersten Lauf ließen sich keine Verbrennungen feststellen, und die Messungen der Temperaturfühler ergaben im Maximum 80 Grad. Diese Temperatur herrschte aber nur für ca. eine Sekunde, das ist die Zeit, in der Fußsohle auf der Holzkohle aufliegt. Das ist zwar heiß, aber auch der Experte bestätigt: Für eine Verbrennung reicht das nicht. Denn sobald sich der Fuß wieder in der Luft befindet, kühlt die Haut wieder ab.

Beim zweiten Lauf wurden im Maximum 69 Grad gemessen. Das lag daran, dass Steffi schneller ging als Burkhardt und außerdem weniger wiegt. Das bedeutet: Die Fußsohlen sanken nicht so weit ein wie bei dem ersten Versuch.

Wenn man also bei einem Gang über glühende Holzkohle darauf achtet, zügig zu gehen, um die Kontaktzeit möglichst kurz zu halten, wird man aufgrund der schlechten Wärmeleitfähigkeit der Kohlen keine Verbrennungen davontragen.

?

Warum hat man den Eindruck, dass schlafende Kinder schwerer zu heben sind als wache?

Wird ein Kind tatsächlich schwerer, wenn es schläft? Zumindest kommt es einem so vor. Kopfball-Reporterin Ulrike überprüfte das zu Hause mit ihrer kleinen Tochter. Das Ergebnis, nachdem sie sich zuerst mit dem wachen und später mit dem schlafenden Kind im Arm auf die Waage stellte, war nicht überraschend: Das Gesamtgewicht der beiden ändert sich nicht.

Woher kommt also der Eindruck, dass ein schlafendes Kind viel schwerer ist? Die Experten am Institut für Biomechanik der Deutschen Sporthochschule in Köln konnten weiterhelfen. Als Erstes sollte die Reporterin demonstrieren, wie sie ihre Tochter im wachen Zustand hochhebt. Es wurde deutlich, dass das Kind den Hebevorgang durch seine Körperspannung mit unterstützte.

Um ein schlafendes Kind zu simulieren, wurde ein Dummy verwendet, und der Vorgang des Hebens wurde wiederholt. Anders als im wachen Zustand konnte Ulrike dem »Kind« nicht unter die Arme greifen, um es hochzuheben, weil die dazu nötige Körperspannung des Kindes fehlte. Sie musste in diesem Fall beide Hände stützend unter dem Körper des Kindes platzieren, um den Körper zu stabilisieren. Um den Bewegungsablauf genauer zu analysieren, wurden Infrarotkameras installiert. Mithilfe eines Computers konnten dann die Bewegungsabläufe dargestellt werden. Beim Heben des wachen Kindes konnte man einen flüssigen und zügigen Bewegungsablauf beobachten, wohingegen der Vorgang beim Hochheben des Dummys wesentlich langsamer und mit kleinen Pausen ablief.

Es wurde deutlich, dass unterschiedliche Bewegungstechniken eingesetzt werden, um das Kind hochzuheben. Aber auch der Winkel der Arme war ein anderer. Beim Tragen des Dummys muss sich Ulrike weiter nach vorne beugen, um den Körper ohne Körperspannung besser stützen zu können.

Die Kräfte, die hierbei entstanden, maßen die Experten durch im Boden eingelassene Messplatten. Dadurch, dass die Arme beim Heben eines schlafenden Kindes, um die Stabilität zu gewährleisten, weiter vom Körper weggestreckt werden müssen, ergibt sich ein anderer Hebewinkel als bei einem wachen Kind. Der Effekt ist vergleichbar mit dem Versuch, einen Wasserkasten einmal mit gestreckten Armen zu heben und einmal mit angewinkelten. Der Kraftaufwand ist mit gestreckten Armen höher als mit angewinkelten Armen nahe am Körper.

Die fehlende Körperspannung des Kindes im Schlaf ist der Auslöser für diese Hebetechnik, die mehr Kraft verlangt. Und das ist der Grund dafür, warum sich das Kind im Schlaf schwerer anfühlt, als wenn es wach ist.

Kann man wie im Märchen Rapunzel an einem Haarzopf einen Turm hochklettern?

Auf Schloss Burg in Solingen sollte ein Märchen wahr werden: Kopfball ging der Frage nach, ob es denn tatsächlich wie im Märchen Rapunzel möglich ist, an einem Haarzopf einen Turm zu erklimmen. Im Märchen lässt Rapunzel einen zehn Meter langen Zopf herab, was laut der Haarexpertin, die das Team begleitet, schon ein Problem wäre. Denn Haare wachsen im Jahr ungefähr 12 bis 15 Zentimeter. Rapunzel wäre also zum Zeitpunkt der Rettung um die 70 Jahre alt gewesen. Das nächste Problem: die Länge der Haare. Laut Expertin können Haare eine maximale Länge von einem Meter erreichen, weil sie sich alle fünf bis sieben Jahre erneuern. Das heißt, nach dieser Zeit fällt ein Haar aus und wächst neu.

Ob man tatsächlich wie im Märchen an einem Zopf aus Haaren einen Turm erklimmen kann, hängt von mehreren Faktoren ab, z. B. von der Dicke und Reißfestigkeit des Zopfs.

Erstaunlich ist dagegen die Festigkeit der Haare: Ein Haar kann 80 bis 100 Gramm Gewicht halten. 1000 Haare müssten demnach ausreichen, um den Kopfball-Reporter mit 90 Kilogramm, der den Versuch wagte, zu tragen. Da bei der Kletteraktion aber auch durch die Kletterbewegungen an dem Zopf gerissen wird, werden etwas mehr als 1000 Haare verwendet. Die Haarexpertin fertigte einen Zopf von fünf Metern an, indem sie mehrere Zöpfe aneinanderflocht. Der Versuch gelang. Der Zopf hielt den Belastungen stand!

Aber man muss schon ein geübter Kletterer sein, um den Turm zu erreichen. Denn der Zopf ist glatt und bietet wenig Halt. Kopfball-Reporter Adrian schaffte das in diesem Fall nicht. Es gibt also abgesehen von Rapunzels Alter zwei Probleme: die Länge des Zopfs, die nur durch Ineinanderflechten mehrerer Zöpfe erreicht werden kann. Und die Kletterfähigkeit des Prinzen.

?

Wieso wird man seekrank?

Der Auslöser für die Qualen der Seekrankheit ist das Gleichgewichtsorgan, das sich im Innenohr befindet. Es misst die Lage des Körpers im Raum und die Beschleunigung, die man erfährt, wenn man sich bewegt. Diese Informationen werden dann an das Gehirn weitergeleitet und dort verarbeitet.

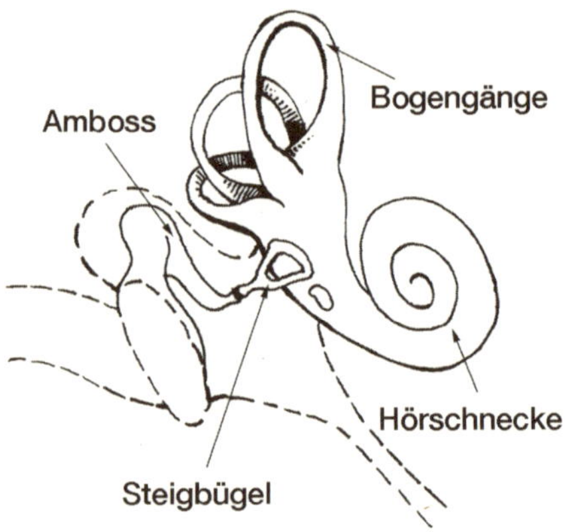

Hauptauslöser der Seekrankheit ist das Gleichgewichtsorgan, das sich im Inneren des Ohres befindet. Die Flüssigkeit in den brezelförmigen Bogengängen dieses Organs registriert jede noch so kleine Bewegung und leitet diese Informationen zum Gehirn weiter. Auf bewegter See gibt es natürlich viele Signale – diese ungewohnte Informationsflut kann Übelkeit verursachen.

An den beiden Kammern des Gleichgewichtsorgans befinden sich drei Bogengänge, die anhand von Löchern miteinander verbunden sind. In den Bogengängen befindet sich Flüssigkeit. Wenn sich der Mensch bewegt, wird auch die Flüssigkeit bewegt. Das wird wiederum von Sensoren in den Bögen wahrgenommen und an das Gehirn weitergeleitet. Auf diese Weise erfassen die Bögen jede Änderung der Bewegung.

Das große Problem bei der Seekrankheit ist die starke und andauernde Übelkeit. Doch woher kommt sie? Die Übelkeit ist zum einen das Resultat einer Reizüberflutung des Gleichgewichtsorgans. Da das Organ jede Bewegung registriert und zum Gehirn weiterleitet, können diese ungewohnten Signale die Übelkeit verursachen. Zum anderen spielt auch die Wahrnehmung des Auges eine Rolle. Denn die Augen bestätigen die ständigen Bewegungsmeldungen des Gleichgewichtsorgans nicht. Sie nehmen nur wenige bis gar keine Bewegungen des Schiffs wahr. Es treffen also unterschiedliche Informationen im Gehirn ein.

Das gleiche Phänomen kann man beobachten, wenn man versucht, während einer Autofahrt zu lesen. Die Informationen des Auges, das keine Bewegung wahrnimmt, stimmen nicht mit den Reizen des Gleichgewichtsorgans überein – das Ergebnis ist die Übelkeit.

?

Schadet Fingerknacken den Gelenken?

Für manche Menschen ist das Knacken mit den Fingern ein entspannender Vorgang. Doch ist dieses ständige und dauerhafte Überdehnen der Gelenke am Ende nicht doch schädlich? Zu diesem Thema gibt es eine medizinische Langzeitstudie, die Fingerknacker mit Menschen, die nicht mit den Fingern knacken, verglichen hat. Diese Studie belegt, dass bei Fingerknackern kein anormaler Gelenkverschleiß zu beobachten ist. Die Hände der Teilnehmer waren lediglich etwas geschwollen und sie konnten nicht so fest zupacken wie »Nichtknacker«. Laut dieser Studie besteht also kein Zusammenhang zwischen dem Knacken mit den Fingern und Gelenkkrankheiten.

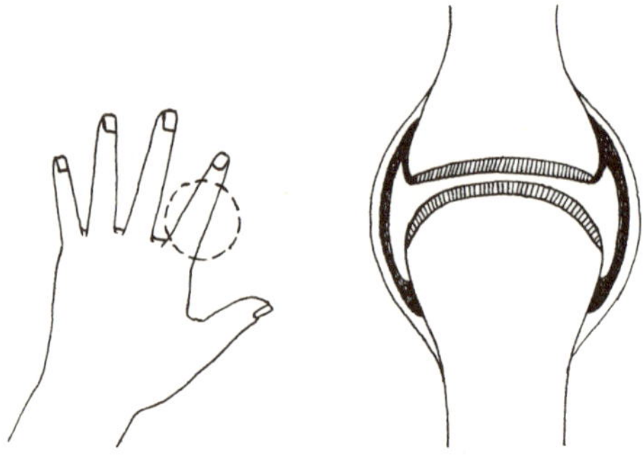

Ob schädlich oder nicht: Beim Knacken mit den Fingern reißt oder bricht nichts, sondern die Gelenkflüssigkeit in der Gelenkhöhle zwischen den Fingerknochen bildet bei der Überdehnung Bläschen, die beim Platzen für das »knackende« Geräusch sorgen.

Um der Sache auf den Grund zu gehen, startete Kopfball einen Aufruf an Fingerknacker, sich zu melden und untersuchen zu lassen. Es fanden sich zehn Menschen, die seit mehr als fünf Jahren mit ihren Fingern knackten. Doch was passiert überhaupt beim

Knacken der Finger, und woher kommt das Geräusch? Zwischen den Gelenken befindet sich die sogenannte Gelenkschmiere, die das Aufeinanderreiben der Knochen verhindert. Beim Knacken werden die Gelenke auseinandergezogen. Dabei entsteht ein Unterdruck, durch den Gelenkschmiere verdampft und Bläschen freigesetzt werden. Diese Bläschen fallen wieder in sich zusammen und erzeugen das knackende Geräusch. So lautet zumindest die einzige Theorie zu diesem Thema, die in den Siebzigerjahren aufgestellt wurde.

In der Praxis eines Orthopäden wurden die von Kopfball ausfindig gemachten Fingerknacker untersucht. Auffallend war, dass die Werte aller Fingerknacker vollkommen normal waren. Der Orthopäde stellte sogar fest, dass die Fingerbeweglichkeit hier deutlich höher war als bei Menschen, die nicht mit den Fingern knacken! Auch auf den Röntgenbildern ließ sich nichts Anormales erkennen. Nach den normalen Untersuchungen, um den Verschleiß der Gelenke einzustufen, wurden auch noch Aufnahmen mit dem Magnetresonanztomografen gemacht. Denn bei diesen Aufnahmen konnte man nicht nur wie zuvor bei den Röntgenbildern die Handknochen sehen, sondern auch die Weichteile. Aber auch hier war das Ergebnis absolut unauffällig: Die Bänder und Sehnen waren nicht überdehnt. Und es waren weder Entzündungen in den Gelenken noch Anomalien an den Muskeln zu erkennen. Dass Fingerknacken den Gelenken schadet, ist demnach ein Mythos.

?

Gewöhnt sich die Haut ans Eincremen?

Das tägliche Eincremen nach der Dusche ist für viele mittlerweile eine routinemäßige Selbstverständlichkeit. Was aber passiert, wenn man auf einmal aufhörte, die Haut mit zusätzlicher Feuchtigkeit zu versorgen?

Von zehn befragten Hautärzten sagten sechs, die Haut gewöhne sich an das Cremen, während vier der Meinung waren, dass dies nicht der Fall ist. Zu diesem Thema gibt es eine dänische Studie, bei der 20 Testcremer mit gesunder Haut vier Wochen lang gecremt haben. Das Ergebnis: Nach dem Absetzen der Creme ist die Haut trockener, was auch noch nach einer Woche messbar war. Bei einer schwedischen Studie kam heraus, dass die Haut der 80 Probanden, die sieben Wochen lang gecremt hatten, danach empfindlicher war. Laut den beiden Studien gewöhnt sich die Haut an das Eincremen und ist nach dem Absetzten der Creme empfindlicher als zuvor.

Kopfball wollte das natürlich selbst ausprobieren und ließ dafür drei Testpersonen einen ihrer Arme mit einer besonders fetthaltigen Creme behandeln. Nach zwei Wochen wurde das Ergebnis an der Hautklinik der Universität in Jena überprüft. Der Unterschied war tatsächlich messbar, denn obwohl die Ärzte der Klinik nicht wussten, welcher der beiden Arme eingecremt wurde, konnten sie eine höhere Feuchtigkeit auf der Haut des behandelten Armes messen.

Um das zu erklären, muss man sich den Aufbau der Haut ansehen: Die oberste Schicht ist die Hornhaut. Sie ist weniger als einen halben Millimeter dick und dient dem Schutz, aber auch der Regulierung des Wassergehalts der Haut. Trägt man auf diese Hautschicht eine fettige Creme auf, staut sich das Wasser darunter und lässt die zweite Hautschicht, die Hornzellen, aufquellen. Die Haut wird praller. Generell wird die Haut mit zunehmendem Alter trockener, was auch zu den ersten Zeichen der Hautalterung führt. Sie verliert an Elastizität.

Nach vier Tagen ohne Eincremen wurden die Probanden erneut in der Hautklinik untersucht, um zu überprüfen, ob das Ergebnis der beiden anderen Studien stimmt. Denn nach deren Aussage sollte jetzt der Arm, der zuvor gecremt wurde, deutlich trockener sein als der unbehandelte Arm. Doch die erneuten Untersuchungen ergaben einen kaum messbaren Unterschied. Es konnte keine Verschlechterung festgestellt werden. Die Haut kehrte lediglich in ihren Normalzustand, den sie vor dem Cremen hatte, zurück.

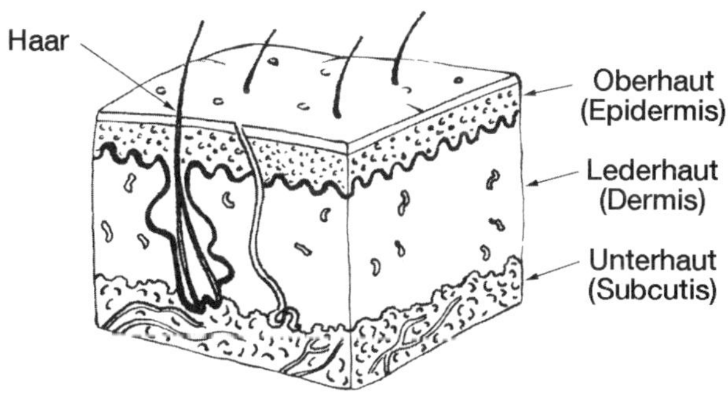

Egal, ob Gewöhnung oder nicht: Eincremen macht die Haut auf jeden Fall zunächst geschmeidiger. Die Ursache liegt im Aufbau der Haut: Trägt man auf die oberste Hautschicht, die sowohl dem Schutz, aber auch der Regulierung des Wassergehalts der Haut dient, eine fettige Creme auf, staut sich das Wasser darunter und lässt die zweite Hautschicht, die Hornzellen, aufquellen. Die Haut wird praller.

?

Warum ist Luft beim Pusten kalt und beim Hauchen warm?

Anhand eines Rauchmodells zeigten die Kopfball-Reporter Steffi und Burkhardt, warum gehauchte Luft wärmer ist als gepustete. Bei dem Experiment konnte man an der Bewegung des Rauches in einer Glasbox sehen, dass sich die Luft, wenn sie in den Behälter gepustet wird, viel stärker bewegt, als wenn sie nur gehaucht wird. Die gepustete Luft ist durch den stärkeren Druck viel schneller als die gehauchte und legt deshalb eine größere Strecke zurück. Bei einer längeren Strecke hat die Luft aber auch mehr Zeit und Raum, sich zu verwirbeln und sich mit der anderen Luft zu vermischen. Dadurch wird sie kühler.

Doch auch die Entfernung spielt eine Rolle. Man wählt automatisch für das kühlende Pusten eine weitere Entfernung als für das wärmende Hauchen. Das kann man sehr gut selbst ausprobieren: Führt man die Stelle, die man durch das Pusten kühlen will, immer näher an den Mund, wird es automatisch wärmer.

Ein weiterer Grund für das Abkühlen der Haut, wenn sie angepustet wird, ist die Grenzschicht. Die meisten Gegenstände sind von einer isolierenden Grenzschicht umgeben, so auch die Haut. Die Haut ist wärmer als die Raumtemperatur. Sobald der starke Luftdruck beim Pusten auf diese Schicht trifft, wird sie weggeweht, und die kühlere Luft trifft auf die Haut.

?

Warum reibt man sich die Augen, wenn man müde ist?

Kinder wie Erwachsene fangen an, sich die Augen zu reiben, wenn sie müde sind. Woran liegt das und vor allem, was hat es für einen Zweck?

Experten sagen, dass die Tränenflüssigkeit bei beginnender Müdigkeit weniger wird und das Auge aufgrund der Trockenheit anfängt zu jucken. Kopfball-Reporter Burkhardt hatte sich bereit erklärt, eine Nacht lang wach zu bleiben, damit das Phänomen gleich vor Ort in der Kopfball-Werkstatt untersucht werden konnte. Dazu wurde seine Tränenflüssigkeit mithilfe einer Art Löschpapier überprüft. Der Papierstreifen wurde ins Auge geklemmt und musste dort für mindestens fünf Minuten bleiben, um genügend Flüssigkeit aufzusaugen. Normalerweise saugt sich das Papier mit ungefähr 10 bis 20 Millimetern der Tränenflüssigkeit voll. Im Falle des übermüdeten Reporters waren es nur noch neun Millimeter. Das Auge war also trockener als im ausgeschlafenen Zustand.

Damit wir jederzeit klar sehen können, wischt das Augenlid ständig über die Oberfläche des Auges und befreit es von Schmutzpartikeln. Das heißt, wenn das Auge aufgrund der Müdigkeit trockener ist als sonst, können die Partikel nicht mehr so gut entfernt werden, wie wenn ein ausreichender Film mit Tränenflüssigkeit vorhanden ist. Es beginnt zu jucken und zu kratzen. Doch was genau bewirkt das Reiben der Augen mit den Händen?

Nach einem weiteren Test ist klar: Das Reiben hat keine Auswirkung auf die Produktion der Flüssigkeit im Auge, es lindert lediglich das Fremdkörpergefühl.

?

In welchem Alter können Kinder richtig laufen?

Die Entwicklung vom Säugling zu einem Kleinkind, das auf eigenen Füßen stehen und laufen kann, dauert Jahre. Das Kind lernt im wahrsten Sinne des Wortes Schritt für Schritt, zu gehen. Aber wann ist dieser Entwicklungsprozess so weit fortgeschritten, dass man sagen kann: Das Kind kann richtig laufen?

Mit Unterstützung der Wissenschaftler von der Sporthochschule in Köln untersuchte Kopfball den Laufstil von vier Kindern im Alter von zwei bis elf Jahren. Durch die Gangbildanalyse der Laufstile der Kinder kann die Entwicklung der verschiedenen Altersstufen sehr gut nachvollzogen werden. Gerade am Anfang sind die Kinder hauptsächlich damit beschäftigt, ihr Gleichgewicht beim Laufen zu halten. Das Becken wird dafür relativ weit nach vorne geschoben. Im Lauf der Zeit wird das Gangbild immer stabiler und sicherer. Erst mit elf Jahren kann man bei einem Kind davon sprechen, dass es den Bewegungsablauf beim Laufen so perfektioniert hat, dass es richtig läuft. Diese Zeit braucht das Kind, um Gleichgewichtssinn, die Koordinationsfähigkeit und die Muskeln so weit zu trainieren, dass man von normalem Laufen sprechen kann. Kinder benötigen also im Durchschnitt ca. neun Jahre, bis sie stabil laufen können.

?

Kann man vorschlafen?

Diese Frage ist nicht nur für alle Nachtschwärmer sehr interessant. Wenn man auf Vorrat schlafen könnte, wäre das auch für alle Arbeitswütigen oder Schichtarbeiter ein Segen. Ist es möglich, den eigenen Schlafbedarf so zu kontrollieren, dass man die Zeit, in der man wach sein muss oder will, selbst bestimmen kann? In einem der größten Schlaflabore in Deutschland, in Solingen, fand das Kopfball-Experiment statt, das diese Frage klären sollte. Zu dem Test traten fünf Freiwillige an, von denen drei vorgeschlafen hatten, indem sie einen 30-minütigen Mittagsschlaf gemacht hatten.

Alle fünf Probanden mussten eine ganze Nacht lang wach bleiben und sich währenddessen immer wieder sogenannten Vigilanz-Tests unterziehen. Mit diesen Tests, die jeweils eine halbe Stunde dauern, kann der Grad der Aufmerksamkeit gemessen werden. Eine der Testpersonen musste die Nacht zusätzlich fast durchgehend alleine verbringen, während die anderen gemeinsam in einem Raum sein durften. Die Experten im Schlaflabor überwachten die Tests. Die Teilnehmer wurden gefilmt, ihre Hirnströme gemessen. Aber auch andere Körperfunktionen, wie zum Beispiel die Häufigkeit des Augenblinzelns, wurden überwacht.

Nach der ersten Runde des Aufmerksamkeitstests schnitten ein paar derjenigen, die vorschlafen konnten, etwas besser ab. Am schlechtesten schnitt die Person ab, die alleine in einem Zimmer war. Hier war die Müdigkeit deutlich größer als bei den anderen, die sich gegenseitig ablenken und wach halten konnten.

Am Morgen danach lagen alle Testdaten der Nacht vor. Die Aufmerksamkeitstests fielen sehr unterschiedlich aus. Wobei aber nicht zu erkennen war, dass die Personen, die vorschlafen konnten, besser abgeschnitten hätten. Teilweise war sogar das

Gegenteil der Fall, denn manche der Testpersonen, die nicht vorschlafen konnten, gewöhnten sich im Laufe der Nacht an die Tests und wurden besser.

Am schlechtesten hat aber erneut die Person abgeschnitten, die fast die ganze Zeit über alleine war. Diese Person verglich das Gefühl nach der schlaflosen Nacht mit einem Kater nach einem Rausch. Der Experte der Klinik bestätigte das, denn die Wirkung des Alkohols auf das Gehirn ist jener des Schlafmangels sehr ähnlich: Die Aufmerksamkeit wird reduziert, die Konzentration lässt nach, und man fühlt sich müde.

Ein Vorschlafen ist laut dem Experten nicht möglich. Man wird müde, weil man den Tag und das Erlebte verarbeiten und neue Kraft tanken muss. Das heißt, der Körper regeneriert sich. Der Mensch bereitet also von Natur aus nicht den nächsten Tag vor, sondern arbeitet den letzten auf. Der Körper ist deshalb auch nicht in der Lage, vorzuschlafen.

Warum bewegt man sich im Schlaf?

Um herauszufinden, ob die Bewegungen, die ein Mensch im Schlaf macht, unwillkürlich sind oder ob sie vielleicht einen anderen Hintergrund haben, führte das Kopfball-Team in einem Kölner Schlaflabor ein Experiment durch. Dazu wurde eine Testperson während des Schlafens fixiert, sodass sie sich nicht wie gewohnt bewegen konnte.

In dem Labor können alle Schlafphasen mithilfe von Messungen der Hirnströme und anhand der Überwachung der Augenbewegungen genau verfolgt werden. Bei den verschiedenen Schlafphasen unterscheidet man zwischen der Leichtschlafphase, dem Tiefschlaf und dem Traumschlaf. Die Vermutung liegt nahe, dass sich der Schlafende am meisten während der Traumphase bewegt. Aber es ist genau andersherum: Gerade in der Traumschlafphase, der sogenannten REM-Phase, bewegen sich nur die Augen. Der restliche Körper ist im Vergleich zu den anderen Schlafphasen wie gelähmt. Die Wissenschaftler des Schlaflabors erklärten dem Kopfball-Team, dass während der Traumphase nur das Herz und die Atmung und die Bewegung der Augen funktionieren, die restlichen Muskeln sind tatsächlich wie gelähmt.

Aber warum bewegt man sich gerade in dieser Phase gar nicht? Und was passiert, wenn es in den anderen Schlafphasen nicht möglich ist, sich zu bewegen? Während der Traumschlafphase, in der das Gehirn Höchstleistungen erbringt, ist der restliche Teil des Körpers deshalb wie gelähmt, damit sich der Träumende nicht wegen unkontrollierter Bewegungen verletzen kann. Es handelt sich also um einen Schutzmechanismus des Körpers.

Unsere Testperson nickte nach einer halben Stunde ein, konnte aber nicht richtig einschlafen. Der Körper wehrte sich gegen die »Fesseln« und wechselte deshalb auch immer zwischen Wachzustand und Leichtschlafphase. Bewegung im Schlaf ist für den

Körper absolut notwendig, so die Schlafexperten. Wenn es nicht möglich ist, sich im Schlaf zu bewegen, kann keine der anderen Schlafphasen erreicht werden, und es findet keine Regeneration statt.

Der Grund dafür, dass ein Mensch, der sich nicht im Schlaf bewegen kann, nicht richtig einschläft, ist eine normale und gesunde Reaktion des Körpers. Denn wir bewegen uns automatisch im Schlaf, um Verletzungen vorzubeugen. Aber welche Verletzungen kann man sich im Schlaf zuziehen, wenn man sich nicht bewegt? Es geht dabei um Druckstellen, denn das Gewicht eines Armes oder Beines reicht bereits aus, dass die Haut an der Auflagefläche zu wenig durchblutet wird. Der Körper verhindert das, indem er immer wieder seine Liegeposition verändert und so dafür sorgt, dass eine gleichmäßige Durchblutung stattfinden kann.

Was ist belastender für das Knie: eine Treppe hinauf- oder hinunterzugehen?

Durchschnittlich beugt man sein Knie ungefähr 1500-mal am Tag. Dabei wird das Gelenk mal mehr und mal weniger belastet. Beim Joggen kann zum Beispiel je nach Laufstil fast das Achtfache des Körpergewichts auf dem Knie lasten. Um die Belastungen beim Treppensteigen zu messen, wurden im Kopfball-Experiment der Winkel des Knies und die Kraft, die zum Einsatz kommt, gemessen. Beim Treppaufgehen muss das Körpergewicht nach oben gestemmt werden, deshalb fühlt es sich für den Treppensteiger anstrengender an als das Treppabgehen. Bei beiden Formen lastet das gesamte Körpergewicht immer für einen kurzen Moment auf nur einem Bein.

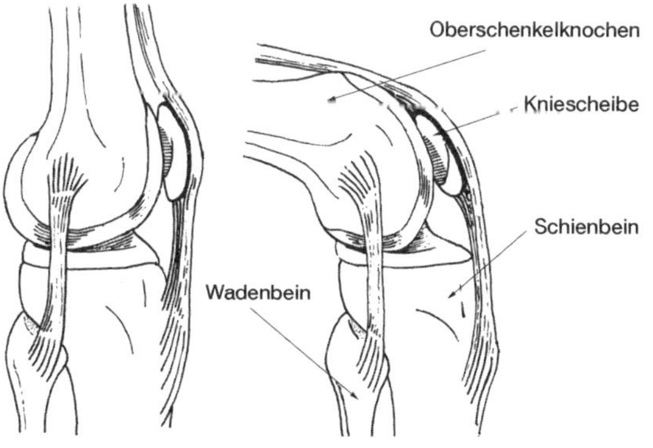

Treppensteigen ist eine große Herausforderung für das Kniegelenk – in der Beugungsposition wird es für einen Moment mit dem gesamten Gewicht belastet, das auf einem Bein ruht.

Der Test in der Kopfball-Werksatt zeigte, dass der Winkel des Knies beim Hochgehen bei 40 Grad liegt. Beim Runtergehen kam dafür eine Beugung von nur 17 Grad zustande. Die Belastung pro

Schritt ist jedoch beim Treppensteigen deutlich geringer als beim Hinuntergehen. Im Falle dieses Experiments entspricht das einmal 95 Kilogramm und auf dem Weg nach unten ganzen 170 Kilogramm, die das Knie belasten. Was ist schlimmer für das Knie? Die große Beugung oder das große Gewicht?

Eine starke Beugung dämpft die Stoßkräfte ab. Beim Hinuntergehen sind also zwei Faktoren gegeben, die für das Gelenk eine größere Belastung bedeuten. Da ist zum einen das höhere Gewicht, das auf dem Knie lastet, und zum anderen die geringere Beugung, die die Stoßkraft nicht so gut dämpft, wie es bei einem größeren Winkel der Fall wäre.

Zu diesem Thema gibt es etliche medizinische Tests, die zu demselben Ergebnis gekommen sind: Beim Treppensteigen ist die Belastung treppab für das Knie wesentlich höher als beim Aufsteigen.

Kann man durch Fasten den Körper entschlacken?

Gerade im Frühjahr ist für viele Menschen die Zeit des Entschlackens und des Fastens gekommen. Der Körper soll durch die Reinigung des Darms und eine sehr geringe Aufnahme an Nahrung Giftstoffe freisetzen und ausscheiden. Kopfball-Reporter Adrian machte den Selbsttest und unterzog sich einer Entschlackungskur. Der erste Schritt: die Reinigung des Darms mithilfe von Glaubersalz. Erst wenn der Darm vollständig entleert ist, kann der Entgiftungsprozess beginnen. Eine Ernährungsforscherin klärte auf, dass sich aber im Darm selbst keine Schlacke befindet. Beim Leeren des Darms durch das Salz wird lediglich der Inhalt, der sonst in ein bis zwei Tagen ausgeschieden wird, schneller entfernt. Auch im Urin ist keine Schlacke nachweisbar.

Der nächste Faktor ist der Säure-Basen-Haushalt, doch auch hier findet laut den Ernährungsforschern keine Entschlackung statt. Entschlacken ist zumindest laut den Messergebnissen und der Experten am Ende eher ein mentaler Vorgang. Viele Menschen berichten, dass sie sich nach einer Woche Fasten leichter, frischer und leistungsfähiger fühlen. Wissenschaftlich nachweisbar ist ein Entschlackungsprozess aber bis jetzt noch nicht.

?

Wieso glauben wir, das Herz sei der Ursprung der Gefühle?

Woher kommen Aussagen wie: Ich habe Herzschmerz? Sie lassen darauf schließen, dass das Herz das Zentrum der Gefühle ist. Der Herzschlag wird durch elektrische Impulse ausgelöst, und seit der Entdeckung des Blutkreislaufs ist bekannt, dass das Herz der Muskel ist, der das Blut durch den gesamten Körper pumpt. Gefühle entstehen im Kopf, haben aber oft eine direkte Auswirkung auf den Herzschlag. So beschleunigt sich zum Beispiel der Puls sowohl bei angenehmen als auch bei unangenehmen Gefühlen. Jeder kennt den Satz: Mein Herz hüpft vor Freude. Und tatsächlich erhöht sich der Herzschlag bei großer Freude genauso wie bei Angst. In solchen Momenten kann man den eigenen Herzschlag hören, was die Vermutung nahelegt, dass das momentan empfundene Gefühl vom Herzen selbst kommt. Manche Wissenschaftler behaupten, dass der direkte Zusammenhang zwischen Gefühlen und der Herztätigkeit eine Art Schutzfunkton des Körpers ist. Denn in Momenten der Gefahr kann das Gefühl wesentlich schneller auf den Körper und das Herz übertragen werden, als wenn man darüber nachdenken würde. Somit wäre man in einer Gefahrensituation viel schneller handlungsfähig, der Körper wäre bereit für einen Angriff oder die Flucht. Wahrscheinlich hat dieser direkte Zusammenhang von Gefühlen und Herzschlag zu der Annahme geführt, dass das Herz der Ursprung der Gefühle sei.

?

Warum schreien jüngere Kinder mehr als ältere?

Ein Emotionsforscher an der Universität Münster bringt Kinder für Forschungszwecke zum Schreien. Bei ihm fragte Kopfball nach, warum Kinder, je älter sie werden, umso seltener ihre Emotionen und Wünsche durch Schreien ausdrücken. Bei einem Säugling ist der Test ganz einfach: Die Mutter braucht nur den Raum zu verlassen, und schon schreit das Kind. Es macht dadurch auf sich aufmerksam und teilt mit, dass es nun alleine ist und nicht versorgt wird. Schon ab dem Alter von zwei Jahren müssen die Kinder ihre Hilfslosigkeit nicht mehr so viel durch Schreien ausdrücken. Sie haben ihre eigenen Ideen, wie ihnen geholfen werden kann. Denn ab dem Alter von einem Jahr lernen die Kinder, auf Dinge zu zeigen, und müssen deshalb weniger mit Schreien auf ihre Bedürfnisse aufmerksam machen. Und spätestens mit zwei Jahren können sie zum Beispiel durch Mimik zeigen oder sogar schon formulieren, was sie in diesem Moment gerade brauchen.

Mit drei Jahren können die Kinder sich dann schon ganz gut selbst mit den Dingen versorgen, die sie benötigen. Gleichzeitig sind sie aber auch sehr gut darin, mithilfe der Sprache ihre Wünsche und Bedürfnisse ausdrücken. Das Schreien wird noch weniger.

Die Hilfeappelle der Kinder werden also mit zunehmendem Alter immer differenzierter, und deshalb ist immer weniger Schreien nötig.

Die Welt der Tiere

?

Welches Tier ist für den Menschen am gefährlichsten?

Benjamin Borger hatte die Frage gestellt, mit der sich die Kopfball-Reporter Burkhardt und Ulrike auf den Weg in den Kölner Zoo machten. Bei den Befragungen der Zoobesucher kamen zumeist die zu erwartenden Antworten auf die Frage, welches Tier für den Menschen am gefährlichsten ist: Löwen, Bären, Skorpione und giftige Insekten.

Giftschlange und Löwe sind gefährlich – aber sind sie auch am gefährlichsten für den Menschen? Bei der Klärung dieser Frage stößt das Kopfball-Team auf ein erstaunliches Ergebnis!

Aber es stellte sich heraus, dass manch ein Vegetarier unter den Tieren doch mehr menschliche Opfer fordert, als man vermuten möchte. Das Nilpferd ist zum Beispiel ein solcher Kandidat. Der vermeintlich friedliche Pflanzenfresser zeigt ein äußerst starkes Territorialverhalten. Das heißt: Eindringlinge werden mit allen zur Verfügung stehenden Mitteln vertrieben und, wenn nötig, auch getötet. In Afrika sterben in einem Jahr mehr Menschen durch Angriffe von Flusspferden als durch Raubtierattacken. Es droht also von mehreren Arten aus dem Tierreich eine tödliche Gefahr für den Menschen. Die Opferzahlen betragen oft mehr als 10 000 im Jahr.

Doch je genauer sich die Kopfball-Reporter mit dem Thema beschäftigten, umso deutlicher wurde eine traurige Wahrheit: Das gefährlichste Tier für den Menschen ist der Mensch selbst!

Der Mensch ist ja im Grunde auch ein Tier. Und es gibt keine andere Tierart auf der Welt, die so viele Todesopfer von Menschen gefordert hat.

Der Friedensforscher Milton Leitenberg hat sich mit diesem Thema beschäftigt und erschreckende Zahlen zutage gefördert: Im Ersten Weltkrieg starben durch Menschenhand 13 bis 15 Millionen Menschen, und im Zweiten Weltkrieg waren es sogar 65 bis 75 Millionen!

200 Millionen Menschen wurden allein im 20. Jahrhundert durch Menschenhand getötet.

Warum können Kolibris rückwärts fliegen?

Der Kolibri fasziniert durch seine erstaunlichen Fähigkeiten. Nachdem er scheinbar in der Luft stehend den Nektar aus Blüten getrunken hat, fliegt er rückwärts von der Blüte weg und zieht dabei den Schnabel wieder aus der Blüte heraus. Wie funktioniert das?

Um dieser Frage nachzugehen, verschlug es Kopfball nach Bonn in das Museum König, in dem 80.000 präparierte Vögel untergebracht sind. Professor Dr. Schuchmann ist seit 30 Jahren Experte für Kolibris und kennt sich in der weltweit größten Sammlung von mehr als 6000 Vögeln am besten aus. Er erklärte den Kopfball-Reportern Ulrike und Burkhardt, dass Kolibris im »Schwirrflug« den Nektar aus den Blüten trinken. Das ist in der Vogelwelt einmalig.

Im Gegensatz zu anderen Vögeln schlagen die Flügel eines Kolibris in Form einer waagrecht liegenden Acht. Je nach Position der Flügel kann der Kolibri auch schweben oder eben rückwärts fliegen.

Doch um diesen Schwirrflug und auch das darauffolgende Rückwärtsfliegen zu beobachten, musste sich Kopfball gemeinsam mit Professor Dr. Schuchmann zu einem der letzten Halter und Züchter der Kolibris in Deutschland aufmachen. Kaspar Bösl betreibt eine Kolibri-Zuchtstation, in der es dem Team mithilfe einer Hochgeschwindigkeitskamera möglich war, das Flugverhalten des winzigen Vogels genau zu analysieren. Da der Kolibri ca. 80 Flügelschläge pro Sekunde macht und somit neun Mal schneller ist als etwa eine Taube, kann man die Bewegungen erst durch die verlangsamte Wiedergabe der Kamera erkennen.

Dann lässt sich erkennen, dass der Kolibri ganz anders als ein normaler Vogel fliegt: Durch ein spezielles Kugelgelenk bewegt er seine Flügel nicht auf und ab, sondern beschreibt mit seinen Flügeln eine waagerecht liegende Acht. Die Luft wird also von den Flügeln gleichmäßig nach unten gedrückt, und das sowohl beim Vorwärts- als auch beim Rückwärtsschlag. Das heißt, der Vogel kann im Flug auf der Stelle stehen!

Diese Aufnahmen zeigten auch, wie der Vogel es schafft, rückwärts zu fliegen: Er ändert die Schlagebene der Flügel. Das heißt, er schlägt nicht mehr vor und zurück, sondern hoch und runter! Dadurch verändert sich der Luftstrom, der entsteht. Er drückt nicht mehr von unten, sondern nach vorne. Das Ergebnis ist, dass der Vogel nach hinten weggedrückt wird und rückwärts fliegt.

Warum sind Bienenwaben sechseckig?

Um diese Frage zu beantworten, bauten die Kopfball-Reporter Klas und Burkhardt als Erstes verschiedene geometrische Formen nach. Danach konnten sie feststellen, in welche der Formen am meisten Inhalt passt. Denn es ist sicherlich für die Bienen unter anderem von Interesse, möglichst viel Inhalt in der von ihnen gewählten Struktur unterzubringen. Verglichen wurden deshalb also das Dreieck, das Viereck und der Kreis als geometrische Grundstrukturen.

Eine geniale Lösung der Natur ist die Bauart und Struktur der Bienenwabe: Sie vereint die beiden vorteilhaftesten Formen und ist deshalb perfekt für ihren Zweck geeignet.

Das Ergebnis zeigte: Je mehr Ecken eine Form hat, umso größer wird das Fassungsvermögen für den Flächeninhalt. In das Viereck passt also mehr als in das Dreieck und in das Sechseck mehr als in das Viereck. Das größte Fassungsvermögen hat allerdings der Kreis. Warum bauen Bienen dann keine Kreise anstelle von Waben?

Das wird deutlich, wenn man mehrere Kreise aneinanderlegt. Es entstehen Zwischenräume. Oder anders ausgedrückt: Die Kontaktpunkte zwischen den Kreisen sind sehr gering, was für die Bienen einen höheren Arbeits- und Materialaufwand bedeuten würde. Denn diese Lücken müssten mit Wachs gefüllt werden, um die Stabilität zu gewährleisten. Bei Waben sind diese Kontaktflächen wesentlich größer, weil sich immer zwei Kammern eine ganze Wand teilen. Das bedeutet eine Energie- und Materialersparnis für die Bienen.

Aber warum bauen Bienen dann keine viereckigen Waben? Hier würden sich gleich vier Wände die Nachbarflächen teilen. Die Antwort darauf liefert die Anfangsüberlegung der Aufnahmekapazität: Eine sechseckige Form kann mehr Flächeninhalt aufnehmen als eine viereckige. Die Bienenwabe ist somit der perfekte Kompromiss zwischen Aufnahmevermögen des Flächeninhalts und minimalem Bauaufwand. Auch mit mehr Ecken würde dieses Prinzip wieder nicht mehr funktionieren, sie passen einfach nicht aneinander.

Dieses Prinzip, das von den Bienen schon seit Bestehen ihrer Art angewandt wird, konnte übrigens mathematisch erst 1999 bewiesen werden!

Wer war zuerst da: das Huhn oder das Ei?

Diese Frage hat es ja zu einiger Berühmtheit gebracht: Was gab es denn eigentlich zuerst, das Huhn oder das Ei? Um das zu klären, beschäftigte sich das Kopfball-Team zuerst mit der generellen Entstehung und der evolutionären Veränderung des Eies. Das Team stellte sich folgende Fragen: Welches Tier hat denn überhaupt zum ersten Mal ein Ei gelegt? Und wann gab es im Vergleich dazu das erste Huhn? Um das erste Tier zu finden, das Eier produziert hat, muss man sehr weit in der Evolutionsgeschichte zurückgehen. Denn ungefähr vor 500 Millionen Jahren hat der Schwamm, ein Wassertier, die ersten Eier gelegt. Diese unterschieden sich aber von den Hühnereiern, denn Eier, die im Wasser abgelegt werden, brauchen keine harte Schale. Viel später in der Geschichte tauchten dann die Fische auf, die ihre Eier ebenfalls ins Wasser legten und damit auch noch keine harte Schale produzierten.

Die nächste eierlegende Spezies waren die Amphibien, eine Zwischenform: Sie lebten zwar an Land, legten ihre Eier jedoch ins Wasser. Also ist auch hier noch keine harte Schale zu entdecken.

Erst als der Lebensraum endgültig gewechselt wurde und dabei die Reptilien entstanden, die ihre Eier ausschließlich an Land legten, entwickelte sich auch die harte Schale der Eier, die sie vor dem Austrocknen schützen sollte. Lange Zeit später entstand aus dieser Vorstufe dann das Huhn. Die erste Erkenntnis ist also, dass der Schwamm lange Zeit, bevor das Huhn existierte, das erste Ei gelegt hat. Das heißt, das Ei war zuerst da.

Doch bei der Frage, ob das Huhn oder das Ei zuerst da war, geht es schließlich um das Hühnerei und nicht um das allererste Ei überhaupt. Mithilfe der Erklärung aus evolutionärer Sicht ist am Ende auch diese Frage zu beantworten. Denn der Ort der Veränderung, um eine neue Spezies zu entwickeln, ist das Ei. Die entscheidenden und langwierigen genetischen Prozesse finden im Ei selbst statt. Deswegen muss das erste Huhn auch aus dem ersten Hühnerei geschlüpft sein.

Das Ei war also zuerst da.

?

Warum nicken Tauben immer mit dem Kopf?

Die meisten Menschen, die Kopfball befragt hat, glaubten, dass das stetige Nicken der Tauben mit dem Kopf etwas mit dem Gleichgewicht zu tun hätte. Die Taube würde also beim Gehen das Gleichgewicht durch die Nickbewegung mit dem Kopf halten. Doch stimmt das? Das Kopfball-Team machte sich auf nach Bochum zu dem Biopsychologen Onur Güntürkün, um dem Rätsel auf die Spur zu kommen. Der erste Test sollte demonstrieren, ob das Nicken des Kopfes nun wirklich der Stabilisierung des Gleichgewichts diente oder nicht. Dazu wurde eine Taube in ein sogenanntes Taubensäckchen gesteckt, sodass man sie auf einen Wagen auf Schienen setzen konnte. Die Tauben waren sowohl die Experimente als auch das Säckchen gewöhnt und wussten, dass ihnen nichts passieren würde.

Dadurch, dass die Taube nun in einem Säckchen steckte, bewegungsunfähig war und auch noch mit dem Wagen gezogen wurde, musste sie das Gleichgewicht nicht halten. Die logische Folge wäre gewesen, dass sie nicht nickt. Doch das Gegenteil war der Fall: Auch in dieser Position fing die Taube an zu nicken, sobald der Wagen gezogen wurde. Damit war klar, dass das Nicken nichts mit dem Gleichgewicht zu tun hat. Was hat es aber dann mit der Nickbewegung auf sich? Ein neues Experiment sollte das aufklären: Eine Taube lief eine Strecke entlang, bei der mit einer Spezialkamera die Bewegungen des Taubenkopfs besser sichtbar gemacht wurden.

Das verblüffende Ergebnis war, dass die Taube gar nicht nickt. Es handelt sich um eine optische Täuschung unseres Gehirns. Wir denken, wenn der Körper nach vorne geht, muss auch der Kopf gleichzeitig nach vorne gehen. Aber das tut er nicht, der Kopf der Taube schnellt nach vorne und bleibt dann an eben diesem Punkt stehen, bis der restliche Körper nachgezogen wird. Das wurde mithilfe der Kamera und der Streifen im Hintergrund deutlich sichtbar.

Eine Taube auf Futtersuche? Mithilfe der Längsstreifen im Hintergrund und einer Spezialkamera können die Bewegungen des Taubenkopfs besser sichtbar gemacht werden. Und es lässt sich etwas Erstaunliches feststellen.

Aber warum machen die Tauben diese Bewegung? Wenn man mithilfe einer Kamera die Sicht eines Taubenauges nachstellt und sich damit bewegt, bemerkt man, dass das eingefangene Bild völlig unscharf ist. Das liegt daran, dass die Augen der Taube seitlich am Kopf liegen und starr sind. Würden die Tiere also eine stetige und fließende Laufbewegung machen, wäre ihr Bild von der Umgebung immer verwischt. Damit waren die Tiere eine leichte Beute für ihre Fressfeinde.

Deshalb unterbricht die Taube die fließende Bewegung, indem sie den Kopf nach vorne schnellen lässt. Das heißt, es gibt nur eine kurze Phase, in der sie verschwommen sieht. Darauf folgt dann aber der längere Moment, in dem der gesamte Körper nachgezogen wird und der Kopf verharrt. Während dieser Phase kann der Vogel seine Umgebung klar sehen.

Den gleichen Effekt hat das Hüpfen der kleineren Vögel. Für die größeren Artgenossen kommt das aber wegen des zu hohen energetischen Aufwands nicht infrage.

?

Warum können Papageien so gut sprechen?

Papageien sind dafür bekannt, gut sprechen zu können. Einige von ihnen lernen sogar zählen. Zum einen hat diese Fähigkeit etwas mit der hohen Intelligenz dieser Vögel zu tun. Aber auch körperliche Merkmale wie die sehr lange und muskulöse Zunge spielen bei der Sprachfähigkeit eine Rolle. Denn erst dadurch ist es einem Papagei möglich, Laute so perfekt nachzuahmen. Diese Laute werden bei den Tieren aber nicht im Kehlkopf wie beim Menschen erzeugt, sondern im sogenannten Stimmkopf, der sich im Brustkorb befindet.

Wozu nutzen Papageien normalerweise in der freien Wildbahn ihre Fähigkeit zur Nachahmung? Die Tiere sind grundsätzlich sehr gesellig und schließen sich in der Natur zu Gruppen zusammen. Das Nachahmen unterschiedlicher Geräusche und Laute dient dabei der Abgrenzung zwischen den verschiedenen Gruppen. Es entsteht sozusagen in jeder Gruppe eine eigene Sprache, die nur die Mitglieder sprechen. Damit ist klar, wer dazugehört und wer nicht. Wächst ein Papagei bei Menschen auf, ahmt er deren Laute nach, um Aufmerksamkeit zu bekommen und kommunizieren zu können. Denn beides ist für einen Papagei sehr wichtig, da er sich ja von Natur aus in familienähnlichen Verbänden aufhält. Das gesellige Tier benötigt die Kommunikation und Interaktion mit Artgenossen für sein Wohlbefinden.

Aber auch wenn ein Papagei seinen Halter mit einem freundlichen »Hallo« begrüßt, versteht er selbst nicht, was er sagt.

Wie werden Pferde eingeritten?

Ab wann kann ein Pferd als Reitpferd genutzt werden? Kopfball besuchte einen Zuchtbetrieb in der Nähe von Köln. Hier kann man die Entwicklungsschritte eines Pferdes von der Geburt bis ungefähr zum zweiten Lebensjahr mitverfolgen. Mit ungefähr sechs Monaten werden die Fohlen von ihren Müttern getrennt und leben dann in Herden mit Gleichaltrigen. Das ist der erste Schritt zum Reitpferd: eine ungestörte Entwicklung. In dieser Zeit können die Tiere ihr Herdenverhalten ausleben, ihre Kräfte messen und sich weiterentwickeln. Denn die muskuläre sowie soziale Entwicklung ist ein wichtiger Grundpfeiler für die spätere Arbeit mit dem Menschen.

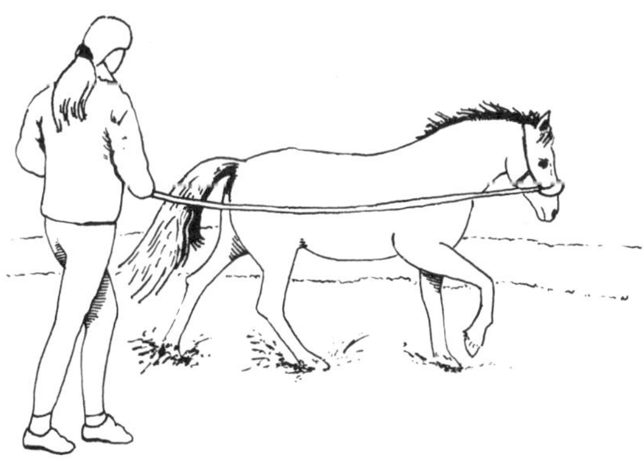

Der erste Schritt auf dem Weg zum Reitpferd ist das Longieren: Das Pferd wird an einer langen Leine im Kreis geführt, dabei werden ihm verschiedene Kommandos beigebracht.

Da in einem Zuchtbetrieb aber keine Pferde eingeritten werden, beobachtete Kopfball den nächsten Schritt in der Entwicklung eines Reitpferdes auf einem Reiterhof. Hier werden junge Pferde, die etwa zweieinhalb Jahre alt sind, von Reittrainern ausgebildet. Das

Training beginnt damit, den Pferden beizubringen, an der Longe zu laufen. Die Longe ist eine lange Leine, an der das Pferd im Kreis um den Menschen läuft. Dabei lernt es die Kommandos zu den verschiedenen Gangarten und übt, zwischen diesen Kommandos zu wechseln. Dieses Training hilft den jungen Pferden zudem, die eigene Balance zu finden. In diesem zweiten Schritt der Entwicklung geht es also um Disziplin. Das Pferd lernt, dem Menschen zu vertrauen, aber auch, seinen eigenen Willen zurückzusetzen.

Dann folgen Übungen zur Trittsicherheit und das Scheutraining der Jungtiere. Pferde sind Fluchttiere und haben deshalb den angeborenen Trieb, bei Gefahr zu scheuen und loszurennen. Dieses Verhalten birgt für den Reiter Gefahren. Deshalb werden die jungen Pferde mit Gegenständen oder Situationen, die sie ängstigen könnten, konfrontiert. Dazu werden Parcours aufgebaut, die einige der typischen Schreckgespenster für Pferde, wie zum Beispiel flatternde Plastikbänder, bereithalten. Das Pferd wird an der Hand durch den Parcours geführt und kann durch die zusätzlich aufgestellten Hindernisse auch seine Trittsicherheit verbessern. Sämtliche Übungen werden bis zu diesem Zeitpunkt am Halfter durchgeführt. Das heißt: Das Pferd hat noch kein Gebissstück im Maul. Das kommt bei der Gewöhnung an das Sattelzeug. Ab einem Alter von ca. drei Jahren wird das Pferd an Sattel und Trense gewöhnt. Das geschieht, indem der Trainer jeden Tag vorsichtig den Sattel auf den Rücken des Pferdes legt und ihm die Trense auf den Kopf zieht. Erst wenn diese Übung keinen Stress mehr für das Tier bedeutet, fängt der Trainer an, so zu tun, als würde er aufsteigen. Auch das benötigt Zeit und Geduld.

Danach gewöhnt man das Pferd an das Gewicht, das in den Sattel kommt, wenn ein Reiter aufsteigt. Dazu legt sich der Trainer am Anfang vorsichtig seitlich über den Sattel. Erst danach beginnt die Phase, in der auf dem Pferd gesessen werden kann. Erst mit ungefähr fünf Jahren ist ein Pferd so weit ausgebildet, dass ein durchschnittlicher Reiter darauf reiten kann.

Das Einreiten eines Pferdes ist ein langjähriger Prozess, bei dem langsam das Vertrauen zwischen Reiter und Pferd hergestellt wird.

Die Rodeo-Variante des Einreitens existiert zwar mancherorts noch, bedeutet für das Pferd aber großen Stress und einen Zwang, der das Vertrauensverhältnis zum Menschen zerstören kann.

?

Kann man ein Stinktier gefahrlos knuddeln?

Stinktiere sind bekannt dafür, einen bestialischen Gestank zu erzeugen. Damit verteidigen sich die kleinen Tiere. Doch dass man ein Stinktier generell nicht unbedingt knuddeln sollte, liegt nicht nur daran. Stinktiere sind wilde Tiere, die sich, bevor sie ihre Stinkdrüse einsetzen, auch gerne mit ihren messerscharfen Zähnen verteidigen. Kommt das Stinktiersekret, das aus Schwefelwasserstoffen besteht, dann ebenfalls zum Einsatz, verbreitet sich eine unerträgliche Mischung aus den Gerüchen von Knoblauch, faulen Eiern und verbranntem Gummi.

Im Universitätsklinikum in Aachen erforschen Psychologen die Wirkung von Gerüchen auf den Körper. Durch die Messmethoden vor Ort können Körperreaktionen wie der Herzschlag und die Veränderung der Haut gemessen werden. Je aufgeregter ein Mensch ist, umso mehr verändern sich diese beiden Werte. Bei angenehmen Gerüchen lässt sich an der Frequenz des Herzschlags beinahe gar keine Veränderung feststellen, und auch die Tätigkeit der Schweißdrüsen auf der Haut verändert sich kaum. Anders sieht das bei Gerüchen wie zum Beispiel dem Stinktiersekret aus: Hier steigt die Herzfrequenz rasant an, und die Schweißdrüsen arbeiten auf Hochtouren. Gerüche beeinflussen also nachweisbar die Emotionen. Der Körper bereitet sich darauf vor, eventuell die Flucht zu ergreifen. Das menschliche Schutzsystem reagiert, um uns vor gefährlichen, schädlichen oder giftigen Dingen zu schützen. Das Stinktier nutzt diesen Schutzmechanismus aus und schlägt seinen Feind damit in die Flucht. Als Knuddeltiere sind Stinktiere also ungeeignet.

Warum sollte man einem Orang-Utan besser nicht die Hand geben?

Mithilfe ihrer kräftigen Arme und Hände können sich Orang-Utans scheinbar mühelos von Ast zu Ast hangeln, trotz eines Körpergewichts von bis zu 100 Kilogramm. Was würde passieren, wenn ein Orang-Utan einem Menschen die Hand schüttelte? Für einen Vergleich der Druckkraft maß das Kopfball-Team zuerst den durchschnittlichen Händedruck eines Menschen, der 60 Kilogramm entspricht. Wie stark der Händedruck eines Orang-Utans ist, hat zumindest im Kölner Zoo, in dem das Kopfball-Team das Experiment durchführte, zuvor noch nie jemand gemessen. Die Aufgabe sollte der stärkste Affe der Gruppe übernehmen. Da aber jedes normales Gerät zur Messung des Drucks diesen Test höchstwahrscheinlich nicht überstehen würde, versuchte es das Team mit einer Spezialanfertigung aus Stahl. Das Tier sollte dabei ein Rohr zusammendrücken, das mit einer Messeinheit verbunden war. Dieses Messgerät war dem nach nicht so genau wie ein handelsübliches, aber anders wäre das Experiment nicht möglich gewesen. Die zweite Schwierigkeit bestand darin, dass man einen Orang-Utan leider nicht dazu auffordern kann, so fest wie möglich zuzudrücken. Deshalb musste sich das Kopfball-Team mit einem ungefähren Maximalwert, der 141 Kilogramm entspricht, zufrieden geben, den das Tier, als es das Rohr ein paar Mal zusammendrückte, erzielte.

Warum aber ist der Affe in der Lage, eine derartige Kraft auszuüben? Ein Biologe des Zoos erklärte, dass Orang-Utans zu den schwersten in Bäumen lebenden Säugetieren gehören. Sie brauchen eine extra stark entwickelte Schulter-Arm- und Brustmuskulatur. Ganze 15 Prozent des gesamten Körpergewichts bestehen aus diesem Teil des Körpers. Zum Vergleich dazu: Beim Menschen sind es nur ca. sechs bis acht Prozent.

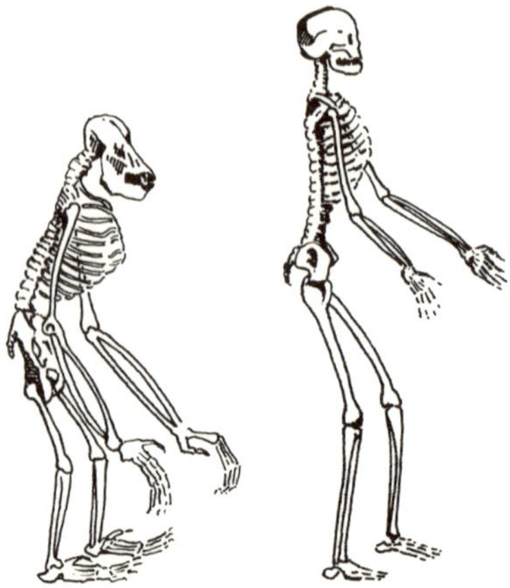

Die menschliche Hand würde bei einem Händedruck von einem Orang-Utan schlichtweg zerquetscht. Im Gegensatz zum Menschen haben Orang-Utans eine extra stark entwickelte Schulter-Arm- und Brustmuskulatur. Ganze 15 Prozent ihres gesamten Körpergewichts bestehen aus diesem Teil des Körpers, beim Menschen sind es nur ca. sechs bis acht Prozent.

Fazit: Ein Orang-Utan würde einem Menschen beim Händedruck die Hände brechen.

Legen weiße Hühner weiße Eier und braune Hühner braune?

Die meisten Menschen gehen davon aus, dass die Farbe des Eis mit der Farbe des Gefieders des Huhns zu tun hat. Doch dabei handelt es sich um einen weitverbreiteten Irrglauben, dem das Kopfball-Team auf dem einzigen wissenschaftlichen Geflügelhof in Deutschland auf den Grund gegangen ist.

Hier gibt es sogar schwarze Hühner, die weiße Eier legen! Kopfball-Reporterin Ulrike fragte nach, wie es überhaupt dazu kommt, dass Eier verschiedenfarbige Schalen haben. Eine Biologin klärte auf: Die verschiedenen Farben der Eier sind genetisch bedingt. Im Inneren des Legedarms eines Huhns befindet sich die sogenannte Schalendrüse. Sie bildet im Falle der braunen Eier rote Farbpigmente aus dem Blut und gelbe aus der Galle. Durch diese Mischung wird das Ei in dem Fall braun. Bei den Hühnern, die weiße Eier legen, wird kein Farbstoff gebildet, was auf ein Gen zurückzuführen ist, das die Farbbildung verhindert.

Ursprünglich diente die braune Farbe der Eier der Tarnung in freier Wildbahn. Weiße Eier würden hier viel zu sehr auffallen. Doch das Huhn hat sich im Laufe der Zeit zum Nutztier des Menschen entwickelt, der durch verschiedene Kreuzungen das weiße Ei gezüchtet hat.

Welche Farbe das Ei einer Henne haben wird, kann man an den Ohrläppchen, beim Huhn Ohrscheibe genannt, erkennen. Sind die Ohrscheiben weiß, legt das Huhn weiße Eier. Sind sie aber rot, legt das Huhn braune Eier.

Allerdings gibt es eine Ausnahme: das Araucana-Huhn. Es hat rote Ohrscheiben und legt grüne Eier. Im Gegensatz zu den Hühnern, die braune Eier legen, wird bei den Araucana-Hühnern der Blutfarbstoff nicht so weit abgebaut, bis er braun ist. Die Eier bleiben grün.

Ein weiterer Irrglaube ist, dass die Farbe des Eies etwas mit der Haltung der Hennen zu hat. Freilandhaltung hat nicht zwangsläufig zu bedeuten, dass die Eier braun sein müssen. Und auch was Geschmack und Qualität betrifft, gibt es keine Unterschiede zwischen den Eiern mit unterschiedlicher Schalenfärbung.

?

Wie viele Flugkilometer stecken in einem Glas Bienenhonig?

Wie viele Kilometer müssen Bienen zurücklegen, um den Nektar für ein Glas mit 500 Gramm Honig zu sammeln? Dazu stellte das Kopfball-Team eine Rechnung auf: Sobald eine Biene den Nektar einer Blüte mit ihrem Rüssel aufgesaugt hat, landet er in einem kleinen Zwischenspeicher, in der Honigblase. Diese Honigblase hat ein Fassungsvermögen von ca. 0,05 Gramm. Das lässt schon erahnen, wie aufwendig der Transport für genügend Nektar ist, um ein Glas damit zu füllen. Im Bienenstock wird der Nektar mit einem Gemisch von Enzymen sozusagen wieder erbrochen und als Honig in die Waben gefüllt.

Man berechnet die Menge an Nektar, die für ein Glas Honig nötig ist, mit dem Faktor fünf. Das heißt, man nimmt die Menge an Honig, in diesem Fall 500 Gramm, mal fünf und erhält somit die Menge des benötigten Nektars. Das wären 2,5 Kilogramm. Da die Bienen aber auch wegen ihres hohen Energieverbrauchs beim Transport des Nektars immer wieder selbst einen Teil des Nektars essen, muss man ungefähr das Doppelte rechnen. Das sind dann fünf Kilogramm Nektar für ein Glas Honig!

Der Begriff »emsige Biene« kommt nicht von ungefähr. Wie viele Kilometer die fleißigen Insekten tatsächlich zurücklegen müssen, um ein Glas mit Honig zu füllen, zeigt dieses Experiment.

Um die Anzahl der Flüge zu errechnen, die dafür nötig sind, teilt man die fünf Kilogramm durch das Fassungsvermögen der Honigblase. In diesem Fall macht das 100.000 Flüge. Doch welche Strecke legen die Bienen bei diesen Flügen zurück? Laut Bienenexperte Dr. Christoph Otten vom Dienstleistungszentrum Ländlicher Raum im Durchschnitt pro Flug 750 Meter. Multipliziert man die Anzahl der Flüge, die für ein Glas Honig nötig sind, mit den durchschnittlichen 750 Metern, erhält man die unglaubliche Strecke von 75.000 Kilometern. Die Bienen fliegen also fast zwei Mal um die Erde, um ein Glas mit Honig zu füllen.

?

Sind Schweine so dreckig wie ihr Ruf?

Wenn man frei lebende Schweine bei ihrem Schlammbad beobachtet, kann durchaus der Gedanke aufkommen, dass diese Tiere tatsächlich sehr unreinlich sind. Doch Landwirtschaftsmeister Karl Heinz Hucklenbroich klärte das Kopfball-Team auf: Das Suhlen im Schlamm schützt die Schweinehaut. Der Lehmfilm, der sich auf der Haut bildet, bewahrt die Schweine vor Parasiten. Aber abgesehen von dem Schutz vor unangenehmen Stichen hat das Suhlen noch einen weiteren lebenswichtigen Effekt für die Tiere. Denn Schweine können nicht schwitzen! Sie brauchen deshalb an heißen Tagen die kühlende Wirkung der nassen Erde, um keinen Hitzeschock zu erleiden.

Das Suhlen der Schweine ist also noch kein Beweis dafür, dass die Tiere, ihrem Ruf folgend, wirklich schmutzig sind. Das Kopfball-Team beobachtete über einige Stunden eine Schweineherde, die in ein neues Territorium kam. Wie würden sie mit ihrem neuen Lebensraum umgehen? Würden sie zwischen den vorgegebenen Bereichen des Essens und Schlafens unterscheiden? Oder einen Saustall machen, im wahrsten Sinne des Wortes?

Nach ein paar Stunden konnte man ganz klar erkennen, dass Schweine offensichtlich sehr sorgfältig zwischen den Bereichen des Schlafens, der Nahrungsaufnahme und dem Ort, an dem sie ihre »Toilette« einrichten, unterscheiden. Sie hinterließen ihre Exkremente in einem eigenen Bereich, der nur einen relativ kleinen Teil des Geländes einnahm und dabei am weitesten entfernt von Schlaf- und Futterplatz war. Die Schweine haben in diesem Experiment bewiesen, dass sie weder dreckig noch dumm sind!

?

Warum können sich Gämsen so gut im steilen Felsgelände bewegen, ohne abzurutschen?

Um dem Geheimnis rund um die Kletterkünste der Gämsen auf die Spur zu kommen, verschlug es das Kopfball-Team in das Karwendelgebirge in Österreich. Dort musste erst einmal nach den scheuen Tieren gesucht werden, und das geschah gemeinsam mit einem Berufsjäger. Gämsen sind im gesamten Alpenraum verbreitet. 2000 Tiere des Gesamtbestands leben im Karwendelgebirge. Im Sommer befinden sich die Tiere auf einer Höhe von bis zu 3000 Metern. Obwohl Kopfball-Reporter Burkhardt und der Jäger Thomas Eder nicht allzu nah an die Gämsen herankamen, wurde auf den ersten Blick schon klar: Die Hinterbeine der Kletterkünstler sind länger als die Vorderbeine. Das ermöglicht einen sicheren Stand im abschüssigen Gebiet und gleichzeitig den perfekten Schub, um nach oben zu steigen. Doch mehr war aus dieser Distanz nicht zu erkennen. Der Jäger hatte allerdings einen Rat für das Kopfball-Team und schickte es nach Innsbruck in den Alpenzoo. Dort leben sechs erwachsene Gämsen und zwei Kitze, die man aus nächster Nähe beobachten kann.

Ein Biologe vor Ort beschrieb die Eigenschaften der Gämsen: Sie zählen zu den Zehnspitzengängern, das heißt, sie laufen auf Hufen, die gespalten sind. An jedem Bein befinden sich vier Zehen: die beiden großen, auf denen sie stehen, und etwas weiter oben zwei kleinere, die sogenannten Afterklauen.

Durch den gespaltenen Huf kann sich die Gämse dem bergigen Gelände perfekt anpassen und die Unebenheiten ausgleichen. An einer steilen Felswand spreizt sich der Huf der Gämsen auseinander und verhindert ein Abrutschen. Verstärkt wird diese Wirkung durch die Afterklauen, die sich wie Bremspolster an den Stein heften. Die Gämse hat also zwei Auflageflächen, durch die sie abschüssiges Gelände ausgleichen kann.

Durch die unterschiedliche Beinlänge und die flexiblen Zehen ist es der Gämse also möglich, sich selbst in schwierigstem Gelände schnell und sicher bergauf und bergab zu bewegen.

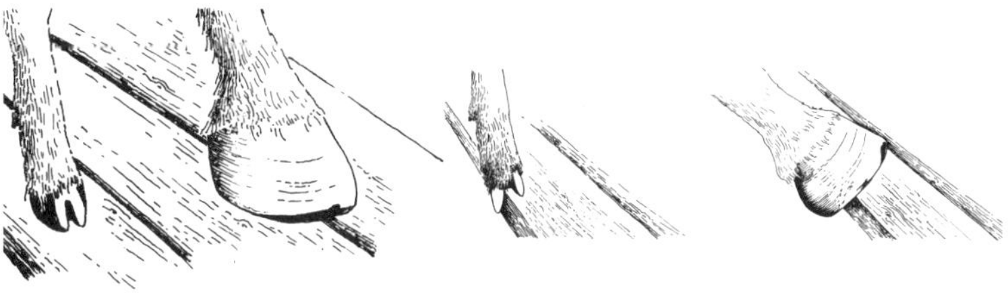

Die Form der Hufe macht's: im Gegensatz zu z. B. Pferdehufen sind die Hufe einer Gämse zweigeteilt – das macht sie beweglicher, von Kanten können sie so nicht abrutschen.

?

Kann eine Ratte tatsächlich aus der Toilette in die Wohnung gelangen?

Ratten haben seit jeher einen schlechten Ruf. Sie leben meistens an Orten, an denen sie mit Krankheitserregern in Kontakt kommen, und können diese dann auch auf den Menschen übertragen. Deshalb ist auch die Angst der Menschen nicht unbegründet, dass die Tiere in die Wohnungen gelangen können. Aber schaffen sie das wirklich – durch die Abflussrohre der Toilette? Ein Schädlingsbekämpfer zeigt, wie die Tiere Rohre hinaufklettern. Sie klemmen sich dabei mit ihrem Körper in das Rohr und schieben sich Stück für Stück weiter nach oben. Erleichtert wird das durch die Beschaffenheit der Rohre. Denn die sind nach längerem Gebrauch nicht rutschig, sie werden rau und bekommen Riefen.

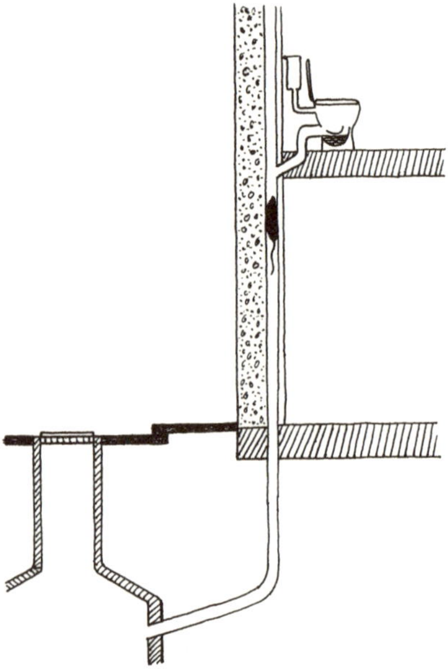

Ratten sind wahre Meister in Kreativität und Kletterkunst. Aber schaffen sie es wirklich durch die Toilette in eine Wohnung, und wenn ja, was kann man dagegen tun?

Was aber passiert, wenn die Ratte an der Toilette angekommen ist und sich durch das mit Wasser gefüllte Siphon manövrieren muss? Bei einem Versuch mit einer Zuchtratte wurde klar: Die Ratte bewältigt das Hindernis problemlos und kommt in der Toilette an. Da Kanalratten nicht wasserscheu sind, stellt auch das kein Problem für die Ratte dar.

Es ist einer Ratte also tatsächlich möglich, durch die Toilette in eine Wohnung zu gelangen. Um das zu verhindern, gibt es aber laut dem Schädlingsbekämpfer technische Hilfsmittel, die einfach am Abflussrohr der Toilette zu montieren sind und die Tiere fernhalten. Ein zweiter wichtiger Punkt ist, keine Nahrungsmittel in die Toilette zu schütten. Denn die Essenreste locken die Ratten an und versorgen sie gleichzeitig mit Nahrung.

Kann man Schlangen ansehen, ob sie giftig sind?

Die Artenvielfalt der Schlangen ist groß, und genauso groß sind auch die Unterschiede im Erscheinungsbild der Tiere. Kann man anhand der Farbe oder Musterung einer Schlange feststellen, ob sie giftig ist? Und was ist zu tun, wenn man von einem der Tiere gebissen wurde? Die oft auffällige Musterung dient der Tarnung in der freien Wildbahn und tritt sowohl bei den giftigen als auch bei völlig ungiftigen Arten auf.

Ein Schlangenexperte des Düsseldorfer Aquazoos, Markus Juschka, zeigte dem Kopfball-Team an zwei verschiedenen Schlangenarten die feinen Unterschiede. Die beiden Arten sehen auf den ersten Blick und vor allem für einen Laien fast genau gleich aus. Doch eine der beiden Arten ist für den Menschen giftig, während die andere völlig harmlos ist. Beide Arten leben im selben Verbreitungsgebiet in Amerika, und der einzige erkennbare Unterschied liegt in der Reihenfolge der Färbung der Haut. Laut dem Experten ist es auch für einen Fachmann in der kurzen Zeit, die zur Verfügung steht, wenn man auf eine Schlange trifft, manchmal nicht möglich, die Abfolge der Farben genau zu deuten. Beißt dann die falsche Schlange zu, kann das einen Menschen, der keine Hilfe bekommt, innerhalb von 24 Stunden das Leben kosten.

Das Problem liegt also darin, dass manch eine ungiftige Schlangenart das Aussehen einer giftigen Art nachahmt, um bessere Überlebenschancen zu haben.

Nachdem es also außer für absolute Experten nicht möglich ist, schnell genug zu erkennen, mit welcher Art Schlange man es zu tun hat, stellt sich die Frage: Was ist zu tun, wenn man einen Schlangenbiss abbekommen hat? Helfen die Methoden aus Film und Fernsehen, wie das Aussaugen der Wunde oder gar das Abbinden des ganzen Körperteils? Davon riet der Fachmann dringend ab, da die Schädigungen, die man sich auf diese Weise selbst zufügt, größer sein können als die eines Bisses. Denn auch Giftschlangen geben nicht bei jedem Biss Gift ab, weil sie dadurch für eine gewisse Zeit wehrlos sind. Es gibt den sogenannten Trockenbiss, bei dem kein Gift in die Wunde injiziert wird. In diesem Fall müsste der Betroffene gar nichts unternehmen.

Das Wichtigste ist, nach einem Biss Ruhe zu bewahren und einen Notruf abzusetzen, um Hilfe zu holen. Vor allem sollte man sich, wenn man sich in Gebiete begibt, in denen Schlangen leben, vorher informieren, um welche Arten es sich handelt und wo man im Notfall Gegengift bekommen kann.

?

Wie gefährlich sind Piranhas?

In den trüben Gewässern des Amazonasgebiets wimmelt es von den kleinen Fischen mit großem Ruf. Dort überprüfte Kopfball, ob all die Geschichten, die man über diese Fische hört, wirklich wahr sind. Denn es heißt ja, dass Piranhas einen Menschen innerhalb von Sekunden bis auf die Knochen auffressen können.

In einem Amazonasfluss nahe der brasilianischen Metropole Manaus ist Kopfball-Reporter Adrian den Tieren begegnet. Zur Unterstützung waren der Amazonasforscher und Piranha-Experte Dr. Efrem Ferreira sowie der einheimische Fischer Nonato Donatello mit an Bord. Sie erklärten, dass es alleine in diesem Fluss bis zu zehn verschiedene Arten von Piranhas gebe.

Die Tiere halten sich meistens in Ufernähe auf, wo das Wasser langsamer fließt und sich ihnen durch die dichte Vegetation gute Verstecke bieten, um auf die Beute zu lauern.

Die Tiere reagieren auf der Suche nach ihren Opfern dabei auf zwei Dinge: Blut und Bewegung. Wenn sie Beute gefunden haben, liegt es nicht etwa an der Kraft, sondern an dem perfekten Biss, dass sie so schnell ganze Fleischstücke fressen können. Die Zähne der Piranhas sind so angeordnet, dass sie perfekt ineinanderpassen, und zudem sind sie messerscharf. Die Fleischstücke werden glatt abgeschnitten und nicht etwa gerissen. Bei der Wahl ihrer Beute sind die Tiere flexibel, sie essen alles von kleinen Fischen über Insekten bis hin zu Aas und Pflanzen.

Der Experte erklärte dem Kopfball-Team, dass die Geschichten von Piranhas, die Menschen und sogar ganze Kühe fressen können, wahr werden können. Wenn zum Beispiel in der Trockenzeit der Wasserpegel des Flusses sinkt und die Tiere in kleinen Tümpeln gefangen bleiben, bekommen sie Hunger und werden aggressiv. Sollte ein Mensch oder ein Tier in diesen Tümpel geraten, muss er schnell sein, denn in diesem Fall würden die Fische ihn sofort attackieren. Viele Piranhas auf engem Raum stellen durchaus eine Gefahr dar. Es gibt dokumentierte Fälle, in denen Piranhas Menschen angegriffen haben. Ob die Geschichten, bei denen Menschen durch eine solche Attacke ums Leben kamen, allerdings wahr sind, ist fraglich. Doch auch die Piranhas haben wie alle Raubtiere eine wichtige Funktion im Ökosystem. Sie beseitigen Aas und kranke Tiere und halten auf diese Weise das Wasser sauber. Piranhas sind zwar sehr aggressiv, aber nur dann gefährlich, wenn sie in großer Zahl auf einen wehrlosen Menschen treffen.

Piranhas haben das perfekte Gebiss: Ihre Zähne passen perfekt ineinander und sind außerdem messerscharf – das macht sie zu gefährlichen Raubtieren

?

Kann man Fledermäuse hören?

Die nachtaktiven Fledermäuse sind bekannt dafür, dass sie sich mithilfe von Ultraschallsignalen orientieren. Diese Signale sind für das menschliche Ohr nicht hörbar. Auf dem Julianenhof kann man den Tieren hautnah begegnen, denn hier gibt es ein Museum für Fledermäuse. 1995 wurden in einer Dachspalte im Stallgebäude des ehemaligen Gutshofs rund 70 Bartfledermäuse entdeckt. Drei Jahre später begann der Naturschutzbund, die Fledermausquartiere zu sichern und daraus ein Museum zu bauen, mit lebenden Objekten. Während des Sommers leben die ca. 700 Tiere in ihren Quartieren auf dem Dachboden des Hofs. Beim ersten Blick auf die Fledermäuse am Tag bemerkt man, dass sie nicht den ganzen Tag schlafen – und vor allem kann man sie hören! Die Leiterin des Museums, Ursula Grützmacher, erklärt, dass es sich bei diesen hörbaren Lauten um Soziallaute handelt, die das menschliche Ohr sehr wohl wahrnehmen kann. Die Laute, die man nicht hören kann, sind im Ultraschallbereich. Ein Fledermausexperte kann mithilfe eines sogenannten Batdetektors aber auch diese Laute hörbar machen. Der Batdetektor unterstützt die Biologen bei ihrer Arbeit. Da man durch ihn die Orientierungsgeräusche der Fledermäuse hören kann, ist es auch möglich, die Unterschiede in den Lauten festzustellen. Das hilft den Forschern, die Zahl der verschiedenen Arten zu bestimmen.

Das ist wichtig, da Fledermäuse inzwischen zu den besonders bedrohten Tierarten auf der Roten Liste zählen. Im Julianenhof wurden bisher zehn verschiedene Arten entdeckt.

Für das menschliche Ohr sind also ohne Hilfsmittel nur die Soziallaute der Tiere zu hören, die die Tiere tagsüber ausstoßen, um untereinander zu kommunizieren.

?

Leistet ein Pferd wirklich ein PS?

Die Einheit PS geht auf den Erfinder der Dampfmaschine, James Watt, zurück. Er brauchte einen Vergleichswert, um die Leistungsfähigkeit seiner Maschinen zu bemessen. Denn damals wurde die Leistung noch an Pferden gemessen, weil diese die schwere Arbeit verrichteten.

Üblicherweise ist ein PS genau das, was man an Leistung braucht, um eine Masse von 75 Kilogramm in einer Sekunde einen Meter hochzuheben. Zwei Menschen schaffen gerade mal 0,2 PS bei gemeinsamer Anstrengung, sie brauchen dafür länger als eine Sekunde.

Mit einer überdimensionalen Federwaage, die zwischen ein Pferd und seine Kutsche gespannt wird, wollte das Kopfball-Team die PS-Stärke des Pferdes testen. Die Waage maß dabei die Kraft, die das Pferd aufbringen muss, um die Kutsche zu ziehen. Die Leistung des Pferdes ist umso höher, je schneller es den vorgegebenen Weg bewältigt und je mehr Kraft es aufbringen muss, um die Kutsche zu ziehen. Aus dem Mittelwert der Waage ergibt sich die benötigte Kraft. Der Mittelwert bei einer Fahrt von ca. zwei Minuten lag bei 676 Newton, das entspricht ungefähr 69 Kilogramm. Aus diesen Angaben lässt sich die PS-Leistung des Pferdes errechnen: Es hat im Schnitt 2,7 PS geleistet.

Das Pferd leistet also mehr als ein PS. Wie kam James Watt dann aber auf eben diese Einheit? Das lässt sich mit der Dauer des Tests erklären. Der Kopfball-Test dauerte insgesamt nur zwei Minuten, während die Tests von James Watt Ende des 18. Jahrhunderts bis zu zehn Stunden andauerten. Die Pferde mussten also über einen viel längeren Zeitraum mehr leisten. Ihre Leistungsfähigkeit war dementsprechend geringer.

Werden Mücken betrunken, wenn sie einen Betrunkenen stechen?

Die Reporter des Kopfball-Teams stellen sich auch den unmöglichsten Versuchen und setzen dabei auch ihr leibliches Wohl aufs Spiel. Und das alles für die Wissenschaft. Bei diesem Versuch handelte es sich allerdings nicht, wie sonst oft, um ein Experiment mit Stunteinlagen. Es ging darum, sich zu betrinken, um sich dann von Mücken stechen zu lassen. Auf diese Weise versuchte Kopfball, den Effekt des Alkohols im Blut auf Stechmücken nachzuweisen.

Nachdem Reporter Klas also ganz ordentliche Mengen an Alkohol zu sich genommen hatte, wurde ein Wert von ca. einem Promille gemessen. Der perfekte Wert, um den Versuch in der Zoologie der Universität Düsseldorf zu starten.

Für die Wissenschaftler der Universität war diese Experiment sehr interessant. Denn bisher wurde noch nicht untersucht, ob Mücken auf den Alkohol im Blut reagieren. Es stechen übrigens nur die Weibchen, weil sie das Eiweiß aus dem Blut zur Bildung der Eier benötigen. Dabei nehmen sie pro Stich ungefähr das Zwei- bis Dreifache ihres Körpergewichts auf. Über den Stechapparat gelangt das Blut dann in den Magen und wird dort verdaut. Der aufgenommene Alkohol erreicht über den Kreislauf das Gehirn. Wenn der Alkohol tatsächlich einen Einfluss auf die Mücke haben sollte, müsste man das an abnormen Bewegungsabläufen sehen können.

Um das Verhalten auch bei einer wesentlich höheren Alkoholdosis beobachten zu können, wurde gleichzeitig eine der Mücken direkt mit einem Alkoholgemisch beträufelt. Die Mischung entsprach einem Wert von fünf Promille, die für den Menschen auf jeden Fall lebensgefährlich wären. Und tatsächlich, die Mücke zeigte deutliche Zeichen von Gleichgewichtsstörungen und konnte sich nur mit Mühe auf den Beinen halten!

Damit ist bewiesen, dass Mücken auch betrunken werden, wenn sie einen Menschen mit genügend Alkohol im Blut stechen. Die Mengen, die dazu nötig sind, wären für den Menschen allerdings lebensgefährlich. Bei einer Blutalkoholmenge von einem Promille ist den Tieren dagegen nichts anzumerken.

In der Luft

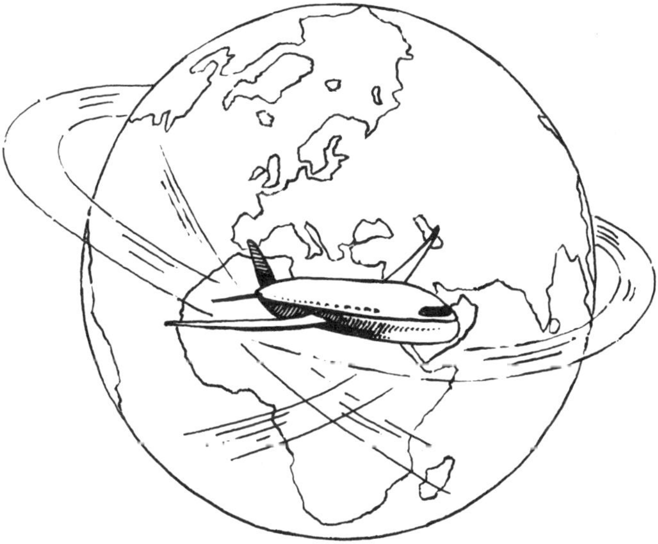

?

Kann man einen Hubschrauber sicher landen, wenn der Motor ausfällt?

Auf einem Flugplatz bei Bonn traf das Kopfball-Team einen erfahrenen Piloten, der Reporter Burkhardt mit zu einem Testflug nahm und ihm dabei die Funktionsweise eines Hubschraubers erklärte. Um den Ernstfall eines Ausfalls der Triebwerke zu erklären, simulierte der Pilot diesen Vorfall in einem Manöver. Damit keine wirklich gefährliche Situation entstand, bei der der Hubschrauber zu Schaden kommen könnte, schaltete der Pilot die Triebwerke aber nicht ganz aus, sondern nur in den Leerlauf. Ohne die Hilfe der Triebwerke verlor der Helikopter schnell an Höhe, doch er stürzte nicht ab. Der Pilot konnte eine kontrollierte Landung durchführen, bei der er kurz vor dem Aufsetzen auf den Boden die Triebwerke wieder anschaltete. Er schilderte dem Kopfball-Reporter den Vorgang: Moderne Hubschrauber haben zwei Triebwerke, sodass ein Ausfall von beiden sehr unwahrscheinlich ist. Das heißt, dass eines der beiden Triebwerke eigentlich immer funktioniert und somit die Sinkgeschwindigkeit immer in einem Bereich ist, in dem man ohne Probleme landen kann.

Abgesehen von den Triebwerken gibt es aber auch immer noch eine zweite Sicherheitsinstanz, die Rotorblätter. Sie sind einzeln ansteuerbar und dadurch im Anstellwinkel veränderbar. Durch die Einstellung des Winkels der Rotorblätter kann man für mehr oder weniger Auftrieb sorgen. Sind sie zum Beispiel leicht gekippt, bewegen sie die Luft von oben nach unten – der Hubschrauber steigt.

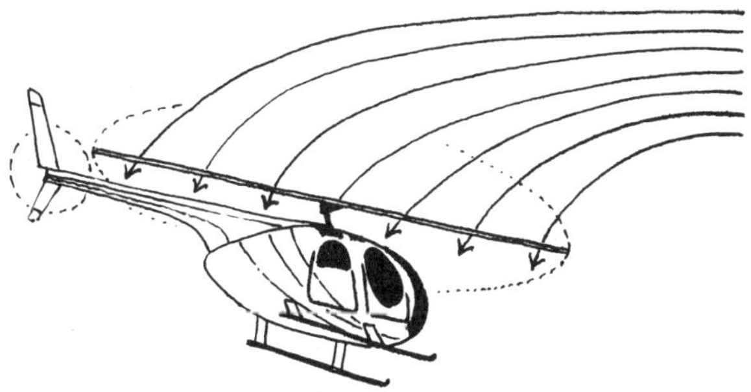

Zu der Ausbildung eines Piloten gehört auch der simulierte Absturz, bei dem der Hubschrauber mithilfe der richtigen Einstellung der Rotorblätter, die so zwischenzeitlich für Auftrieb sorgen, zu einer sicheren Landung gebracht werden kann.

Bei einem starken Sinkflug, wie es bei einem Ausfall beider Triebwerke der Fall wäre, kann der Pilot die Rotorblätter gerade stellen. Das heißt, der Fallwind trifft in diesem Moment schräg von vorn unten auf die Blätter und bremst den Hubschrauber dadurch ab.

Kopfball wollte es aber genau wissen und simulierte einen kompletten Ausfall der Triebwerke mit einem erfahrenen Fluglehrer und einem Tragschrauber. Ein Tragschrauber funktioniert nach dem Prinzip der Autorotation. Ein Propeller im Heck des Fluggeräts treibt es nach vorne an, sodass sich die Rotorblätter durch den entstehenden Fahrtwind von selbst drehen. Dasselbe Prinzip, das bei einem Ausfall der Triebwerke eines normalen Hubschraubers gelten würde. Obwohl man bei dem Tragschrauber nicht die einzelnen Rotorblätter ansteuern kann, ist der Effekt der gleiche wie bei einem Hubschrauber, da sich der gesamte Rotorkopf im Winkel verändern lässt. Die Nutzung des Auf- und Abtriebs der Luftströmung funktioniert hier also genauso. Der Test eines kompletten Ausfalls der Triebwerke konnte starten. Laut dem Fluglehrer gehört dieses Manöver ohnehin zur Ausbildung eines Hubschrauberpiloten.

In 300 Metern Flughöhe wurde der Motor des Tragschraubers ausgeschaltet. Sofort verlor er an Höhe, und der Pilot hatte von diesem Moment an weniger als eine Minute Zeit, einen geeigneten Landeplatz zu finden. Dabei wurden die Rotorblätter auch ohne Antrieb des Motors durch den Druck des Fallwinds weitergedreht. Der Traghubschrauber näherte sich mit 100 Kilometern pro Stunde dem Boden. Kurz vor der Landung ist es das Wichtigste, dass der Pilot die Rotorblätter wieder steil stellt, sodass der Tragschrauber für kurze Zeit wieder einen hohen Auftrieb hat, um eine Bruchlandung zu vermeiden. Auch der Kopfball-Reporter kam auf diese Weise heil wieder auf dem Boden an. Ein Hubschrauber kann also auch bei einem Ausfall beider Triebwerke mithilfe der sogenannten Autorotationslandung sicher gelandet werden.

?

Wie stark bremst ein Regenschirm den freien Fall ab?

Bei diesem Experiment versuchte Kopfball-Reporter Burkhardt, es Mary Poppins gleichzutun. Er wagte einen Sprung aus zehn Metern in die Tiefe – mit einem Regenschirm.

Martin Hepperle, Ingenieur für Luft-und Raumfahrttechnik, war vor Ort, um die Berechnungen für den Versuch anzustellen. Für spätere Vergleichswerte sprang der Reporter zuerst ohne Schirm ins Wasser. Natürlich hatte die Feuerwehr alle nötigen Sicherheitsmaßnahmen getroffen, denn ein Sprung aus dieser Höhe ist nicht ungefährlich. Bei dem Sprung ohne Regenschirm maß die Radarpistole, die zur Messung der Fallgeschwindigkeit eingesetzt wurde, 50 Stundenkilometer!

Der zweite Sprung erfolgte mit Schirm, der kurz vor der Landung wegklappte, weil er für das Gewicht des Reporters viel zu instabil war. Die Geschwindigkeitskontrolle zeigte, dass der Schirm den Fall beinahe gar nicht abgebremst hat. Burkhardt fiel mit 47 Stundenkilometer ins Wasser.

Der Ingenieur erklärte, dass die Fläche des Regenschirms einfach zu klein ist, um den freien Fall tatsächlich abzubremsen. Was passiert aber, wenn man den Durchmesser des Schirms vergrößert?

Um das zu testen, wurde der Reporter mit einem Schirm von fünf Metern Durchmesser auf die Sprunghöhe transportiert. Bei diesem Sprung wurden nur 32 Stundenkilometer an Fallgeschwindigkeit erreicht. Ein deutlicher Unterschied zu den Ergebnissen der vorherigen Sprünge.

Der freie Fall an einem Regenschirm – eine rein physikalische Angelegenheit. Das Kopfball-Team testet, wovon die Bremskraft eines Schirms abhängt und ob er wirklich das Körpergewicht eines Menschen stark genug abbremsen kann, um eine Bruchlandung zu vermeiden.

Der Luftwiderstand, der benötigt wird, um genügend abgebremst zu werden, hängt zum einen von der Geschwindigkeit des Falls ab, zum anderen von der Fläche des Schirms. Diese war bei dem letzten Versuch 25-mal so groß als die des Regenschirms und hatte deshalb eine viel größere Bremskraft. Ein Regenschirm bremst den freien Fall beinahe gar nicht ab! Mary Poppins hat also vielleicht ein bisschen gezaubert.

?

Fliegen Flugzeuge mit oder gegen die Erdumdrehung schneller?

Warum variiert die Flugdauer? Es gibt zum Beispiel bei Flügen in die USA Zeitunterschiede von bis zu einer Stunde zwischen Hin- und Rückflug. Aber die Strecke, die ein Flugzeug auf dem Hin- und Rückweg zurücklegt, ist ja dieselbe. Die Überlegung, dass dieses Phänomen etwas mit der Drehung der Erde zu tun haben könnte, liegt nahe. Die Erde dreht sich von West nach Ost. Nimmt man als Beispiel den Flug eines Kopfball-Reporters von Frankfurt nach Florida, könnte man schlussfolgern, dass der Hinflug nicht so lange dauert wie der Rückflug. Die Erklärung hierzu wäre, dass das Flugzeug beim Hinflug gegen die Erddrehung geflogen ist. Also hat sich die Erde unter dem Flugzeug wegbewegt und damit die Flugdauer verkürzt. Aber interessanterweise ist genau das Gegenteil der Fall: Die Flugdauer auf dem Hinflug war um ca. eine Stunde länger als beim Rückflug!

Die Lösung liegt in den sogenannten Jetstreams. Dabei handelt es sich um warme Luftmassen, die am Äquator entstehen und Richtung Norden ziehen, weil es dort kälter ist. Diese Luftmassen werden durch die Erddrehung abgelenkt. Wind, der zum Beispiel vom Äquator ausgehend nach Norden weht, wird nach Osten abgelenkt. Das passiert aufgrund der sogenannten Corioliskraft. Der Wind geht also mit der Erdrichtung und steigt dabei sehr hoch auf. Dort erreichen diese Winde dann Geschwindigkeiten von bis zu 200 Stundenkilometern! Das sind die Jetstreams, die sich ein Flugzeug, wenn es in der derselben Richtung unterwegs ist, zunutze machen kann, um Zeit zu sparen. Es bekommt Rückenwind! Und deshalb ist ein Flugzeug, das mit der Erdbewegung fliegt, schneller, als wenn es entgegen der Drehung unterwegs ist.

?

Was sind Luftlöcher?

Luftlöcher sollen in Bergregionen häufiger vorkommen als in einer flachen Landschaft. Auch Passagierflugzeuge geraten in diesen Gegenden immer wieder in gefährliche Situationen, die im schlimmsten Fall sogar zum Absturz führen können. Deshalb machte sich das Kopfball-Team auf nach Innsbruck, um dort gemeinsam mit Fluglehrer Aurel Hallbrucker dem Phänomen der Luftlöcher auf den Grund zu gehen. Der Fluglehrer nahm Kopfball-Reporter Burkhardt mit auf einen Flug in einem Segelflugzeug, denn diese reagieren viel schneller auf Veränderungen in der Luft als die schweren Passagierflugzeuge. Über dem Karwendelgebirge zeigte er seinem Fluggast, wie es sich anfühlt, wenn man plötzlich in eines der Luftlöcher gerät. Man fällt einige Meter ohne Halt nach unten.

Sobald die beiden Testflieger wieder festen Boden unter den Füßen hatten, erklärte der Pilot das Prinzip der Thermik und damit auch die einfachste Art der Turbulenzen. Von der Sonne erwärmte Luft vom Boden strömt nach oben, das sind die sogenannten Aufwinde. Diese Winde braucht das Segelflugzeug, um an Höhe zu gewinnen. Aber auf jede warme nach oben steigende Luftsäule folgt auch wieder eine kühle nach unten sinkende. Dieser Übergang ist abrupt, die kühle Luft drückt den Flieger sofort nach unten und erzeugt dadurch den Effekt, als würde man in ein Loch fallen.

Da sich gerade im Gebirge Sonne und Schatten durch die landschaftlichen Gegebenheiten schnell abwechseln, ergibt sich ein sehr schneller Wechsel von warmen und kalten Luftströmen. Es entstehen mehr Turbulenzen als über flachem Gebiet. Doch die Berge haben noch einen zusätzlichen Einfluss auf die Turbulenzen: Nachdem die Luft auf einen Berg getroffen ist, folgt auf der bergabgewandten Seite ein starker Abwind. Diese Abwinde reißen ein Flugzeug mit nach unten. Luftlöcher sind also keine Löcher in der Luft, sondern Strömungen, die Flugzeuge unerwartet nach unten drücken können.

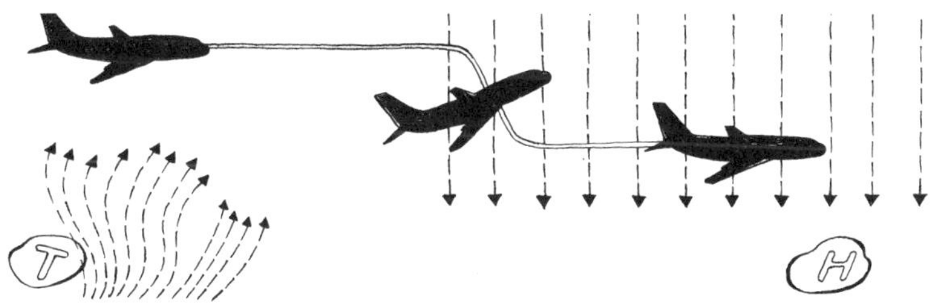

Bei einer unfreiwilligen Achterbahnfahrt mit dem Flugzeug fällt das Flugzeug nicht tatsächlich in ein luftleeres Loch – es wird vielmehr von kalter, nach unten sinkender Luft mit in die Tiefe gerissen.

?

Kann ein Mensch mit Feuerwerksraketen abheben?

Jedes Jahr zu Silvester werden weltweit Tausende Raketen in die Luft geschossen, um das neue Jahr zu begrüßen. Dabei müssen die Raketen aber nur ihr Eigengewicht tragen. Wäre es denn auch möglich, so viele Raketen zu bündeln, dass sie einen Menschen mit in die Luft ziehen können? Das Kopfball-Team hat sich dazu mit dem Pyrotechniker Wolfgang Stabe auf einem stillgelegten Bundeswehrgelände getroffen. Als Erstes musste die Schubkraft einer Rakete ermittelt werden, um ausrechnen zu können, wie viele der Feuerwerkskörper man brauchen würde, um eventuell einen Menschen hochzuheben. Der Pyrotechniker befüllte dazu die Raketen mit unterschiedlichen Mengen Sand. Sobald es die Rakete nicht mehr schaffte, damit abzuheben, wusste er, wie viel sie tragen kann, und konnte damit das Ergebnis auf die Schubkraft umrechnen. Die Raketen öffnen darf selbstverständlich nur der Experte. Ein Laie würde dabei schwerste Verletzungen riskieren! Die vor Ort benutzten Raketen trugen ein Gewicht von 125 Gramm, danach war Schluss. Man bräuchte also, um einen Menschen von ca. 60 Kilogramm mithilfe der Raketen in die Luft zu befördern, über 500 Raketen. Das Team müsste tagelang Raketen umbauen, um den Versuch überhaupt starten zu können. Deshalb fand der Pyrotechniker eine andere Lösung: Spezialraketen.

Diese Raketen kann man nicht im normalen Handel erwerben, und sie dürfen nur von Pyrotechnikern für besondere Feuerwerksspektakel verwendet werden.

Die Profiraketen befördern immerhin 300 Gramm in die Luft. Damit reduziert sich die Anzahl der Raketen, die benötigt werden, um einen Menschen in die Luft zu schießen, auf 200.

Das Experiment konnte beginnen: Die Antriebsköpfe der Raketen wurden gebündelt auf einer Holzplatte installiert, die als Boden für eine Raketenkonstruktion diente, in der später Platz für eine Person sein würde. In diese Rakete kam ein Dummy mit einem Gewicht von 60 Kilogramm. Insgesamt mussten am Ende also 65 Kilogramm in die Luft befördert werden.

Wichtig war vor allem, alle Raketenzünder gleichzeitig zu zünden, damit die volle Schubkraft ausgenutzt werden konnte. Und tatsächlich hob die Ein-Mann-Kopfball-Rakete ab! An den Schäden des Dummys war allerdings auch zu sehen, dass dieser Teil des Experiments bei einem Menschen schwerste Verletzungen verursachen würde. Doch die Frage ist beantwortet: Ja, man könnte einen Menschen mithilfe von Feuerwerkskörpern in die Luft befördern.

?

Wie gefährlich sind Laserattacken für Flugzeuge?

Mit einem Laserpointer in ein Cockpit zu leuchten gilt als gefährlicher Eingriff in den Flugverkehr und wird mit einer Freiheitsstrafe geahndet. Jedes Jahr werden ca. 300 Fälle von Laserattacken registriert. Meist sind es junge Männer, die mit extrastarken Laserpointern, die in Deutschland gar nicht im Handel sind, versuchen, die Piloten zu blenden.

Eine Pilotin erklärte dem Kopfball-Team, dass die sensibelsten Phasen beim Fliegen der Abflug, der Anflug und die Landung sind. In diesen Momenten wird das Flugzeug manuell gesteuert, und es ist höchste Konzentration erforderlich.

Bei einer Laserattacke verlieren die Piloten die Sicht auf die Instrumente und auch den Blick nach außen durch das Fenster. Die Pilotin bestätigte, dass die Attacke extrem irritierend und äußerst gefährlich ist, weil es wirklich zu einem kompletten Ausfall des Piloten kommen kann. Was passiert, wenn ein Laserpointer direkt ins Auge trifft, fragte Kopfball an der Universität Düsseldorf am Institut für Lasermedizin die Experten.

Die Experten untersuchten den Laserpointer, der nicht im deutschen Handel erhältlich ist, auf seine Leistungsfähigkeit. Das erschreckende Ergebnis war, dass er anstelle der erlaubten drei Milliwatt ganze 150 Milliwatt Leistung hatte. Das heißt, dass die Laserpointer, mit denen Attacken auf Flugzeuge gestartet werden können, irreversible Schäden anrichten, wenn sie etwas länger auf das Auge gerichtet sind. Die Hitze, die der Laser entwickelt, kann die Netzhaut der Augen verbrennen.

Auch Polizeipiloten sind immer wieder von solchen Attacken betroffen. Sie sind ein leichtes Opfer, weil sie im Einsatz mit ihren Hubschraubern oft in geringer Höhe und sehr langsam unterwegs sind. Dafür kann die Polizei aber mithilfe der Nachtsichtkamera an Bord den Angreifer sofort ausfindig machen. Der Angreifer kann mittels GPS-Daten genau lokalisiert und von den Kollegen am Boden verhaftet werden.

Pilot Ulrich Blesting von der Polizeifliegerstaffel NRW in Düsseldorf, der selbst von einer Laserattacke betroffen war, erzählte dem Kopfball-Team, dass es in einer solchen Situation fast nicht mehr möglich ist, die Orientierung zu behalten. Deshalb werden die Attacken auch von den Behörden sehr ernst genommen und streng bestraft. Mittlerweile werden auch wissenschaftliche Forschungen, die sich mit dem Schutz der Piloten gegen solche Attacken beschäftigen, durchgeführt. Denn laut den Experten ist schon alleine das Nachbild nach einer Blendung teilweise so stark und lang anhaltend, dass das Sehvermögen stark eingeschränkt und der Pilot somit handlungsunfähig ist. Es soll eine Schutzfolie entwickelt werden, die auf der Innenseite der Scheiben des Cockpits angebracht wird und durch ihre spezielle Beschaffenheit die Strahlen der Laser abhalten kann.

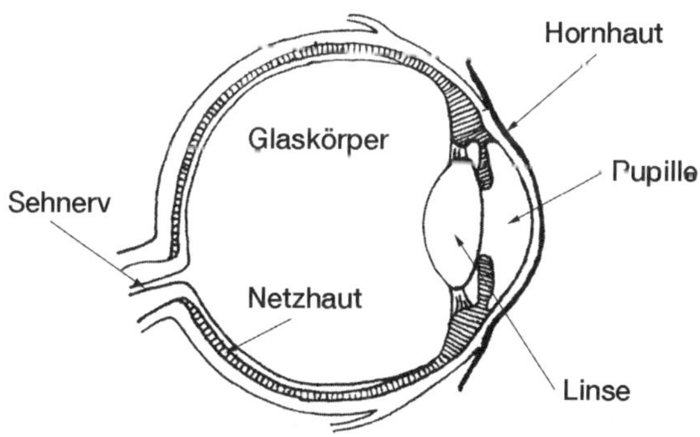

Viele handelsübliche Laserpointer haben eine bedeutend höhere Leistung, als erlaubt. Wenn sie länger auf ein Auge gerichtet werden, können sie die Netzhaut, auf der normalerweise das Licht in Nervenimpulse umgewandelt werden, verbrennen und so gravierende Schäden im Auge anrichten.

?

Warum müssen Flugzeuge bei Minusgraden am Boden enteist werden, aber nicht während des Flugs, bei dem es viel kälter ist?

Im Winter werden Flugzeuge vor dem Start wegen der Minusgrade mit einer speziellen Maschine enteist. Jeder, der die Prozedur schon einmal als Fluggast erlebt hat, weiß auch, dass das Enteisen der Tragflächen der Sicherheit dient. Denn Eis auf den Tragflächen kann die Flugeigenschaften verändern, außerdem macht es das Flugzeug schwerer. Aber warum passiert das nur im Winter? Auf Reiseflughöhe liegen die Temperaturen in der Luft doch auch im Sommer deutlich unter null Grad?

Das Enteisen der Tragflächen eines Flugzeugs bei Minusgraden dient der Sicherheit. Denn Eis auf den Tragflächen kann die Flugeigenschaften verändern, außerdem macht es das Flugzeug schwerer.

Bevor die Frage beantwortet werden konnte, ließ sich das Kopfball-Team den Enteisungsvorgang am Boden von den Fachleuten am Berliner Flughafen erklären. Die Flugzeuge werden zwei Mal behandelt, zuerst mit einer Mixtur aus Wasser und Glykol, die

870 Grad heiß ist und das Eis vom Flugzeug ablöst. Die zweite Flüssigkeit bildet eine Schutzschicht aus Frostschutzmittel, die verhindert, dass das Flugzeug bis zum Start wieder einfriert. Diese Schutzschicht löst sich beim Start wieder ab. Pro Flugzeug werden insgesamt 1500 Liter der Flüssigkeiten verbraucht.

Doch was passiert, wenn das Flugzeug gestartet ist und ohne die Schutzschicht bei Minusgraden in der Luft fliegt? Jedes Verkehrsflugzeug, das in Höhen fliegt, in denen Vereisungen nicht zu vermeiden sind, ist mit einer Art Heizung ausgestattet, die sich an der Vorderkante der Tragflächen befindet. Sie wird durch die warme Luft der Triebwerke gespeist und verhindert, dass die Tragflächen während dem Flug vereisen. Die Prozedur am Boden ist notwendig, um das Flugzeug vom vorhandenen Eis zu befreien. Den Rest erledigt die Heizung an den Flügeln, und zwar im Sommer wie im Winter.

?

Kann man im Frachtraum eines Flugzeugs einen Flug überleben?

Ob ein Mensch als blinder Passagier ungeschützt im Frachtraum eines Flugzeugs nicht überleben könnte, hat Kopfball einen Flugzeugmechaniker des Düsseldorfer Flughafens gefragt. Die Flugzeuge befinden sich während des Flugs in Höhen von acht bis zwölf Kilometern. In dieser Höhe herrschen ca. minus 50 Grad Celsius, und der Luftdruck im Frachtraum einer Maschine ist zudem so niedrig, dass der blinde Passagier erfrieren und ersticken würde. Ein Mensch würde einen Flug unter diesen Bedingungen also nicht überleben. Um zu sehen, was genau in einem Frachtraum während des Flugs passiert, stattete das Kopfball-Team einen Koffer mit Messgeräten aus und gab ihn für einen Flug mit einer Boing 737 auf.

Der Testflug dauerte 50 Minuten, und das Flugzeug erreichte schnell eine Höhe von acht Kilometern sowie eine Außentemperatur von minus 38 Grad. Doch die Auswertung der Messergebnisse zeigte, dass im Frachtraum die gleichen Bedingungen herrschten wie in der Kabine der Passagiere. Der Luftdruck lag am höchsten Punkt des Flugs bei 790 Millibar, das entspricht einer Höhe von 2000 Metern, in der ein Mensch problemlos atmen kann. Auch die Temperatur war mit angenehmen 22 Grad im gleichen Bereich wie die in der Kabine.

Das liegt daran, dass Flugzeuge so ausgestattet sind, dass je nach Art der Fracht vom Cockpit aus die Temperatur in den Frachträumen reguliert werden kann. Woher kommen dann die Geschichten von blinden Passagieren, die in Frachträumen erstickt und erfroren sind? Flugzeugmechaniker Stefan Kalda erklärte, dass sie wahrscheinlich nicht im Frachtraum, sondern im Fahrwerkschacht mitgeflogen sind. In dem Schacht ist zwar genug Platz, um sich zu verstecken, aber der Raum verfügt weder über einen Druckausgleich, noch wird er geheizt. Ein Mensch könnte einen Flug in diesem Raum nicht überleben.

Fazit: Man kann einen Flug im Frachtraum eines Flugzeugs zwar überleben, dort mitzufliegen ist aus sicherheitstechnischen Gründen aber natürlich streng verboten.

Fragen des Alltags

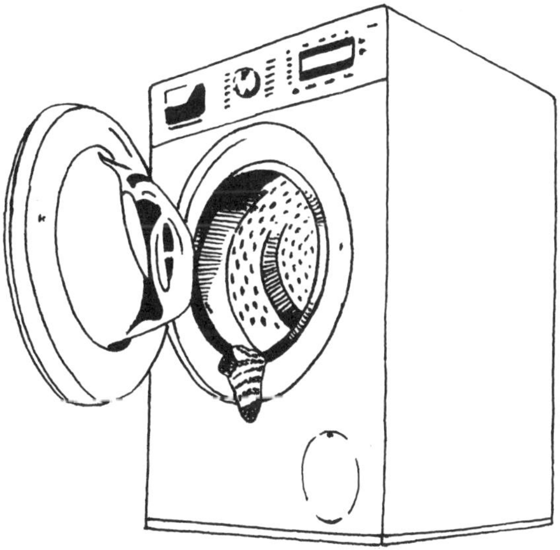

?

Wie gefährlich ist es, unangeschnallt in einem Linienbus zu fahren?

Im Gegensatz zu Autos und Reisebussen besteht in Linienbussen in Deutschland keine Anschnallpflicht. Viele Leute fragen sich, wie gefährlich das eigentlich ist, zumal das Angurten im Auto ja mittlerweile eine Selbstverständlichkeit ist.

5,2 Milliarden Fahrten mit Linienbussen gibt es im Jahr. Der Anteil von Verletzten oder Toten bei Unfällen ist erstaunlich niedrig. Ein Grund dafür liegt darin, dass diese Busse nicht so schnell fahren. Da eine Anschnallpflicht den Ablauf eines Linientransports erheblich behindern würde, ist jeder Passagier selbst dafür verantwortlich, dass er im Falle einer Bremsung nicht quer durch den Bus fliegt. Außerdem würden bei einer Anschnallpflicht automatisch die Stehplätze wegfallen, was zu Spitzenzeiten einen Einsatz von 50 Prozent mehr Bussen erfordern würde.

Was passiert, wenn sich der Fahrgast nicht festhalten kann, zeigte das Kopfball-Experiment. Das Team untersuchte gemeinsam mit Busfahrer Alfred Brüggemeyer und Klaus Reindl vom ADAC die Reaktionsmöglichkeiten der Insassen unter verschiedenen Voraussetzungen: Getestet wurde die Reaktion der Fahrgäste bei einer Vollbremsung nach einer Beschleunigung auf 30 Stundenkilometer, wenn sie auf die Situation vorbereitet waren, aber auch in Extremsituationen. Bei Tempo 30 können sich die Fahrgäste noch festhalten. Sogar bei Tempo 60 ist es möglich, sich noch an den Griff zu klammern. Aber nur, wenn der Fahrgast reaktionsschnell ist; ein schlafender Passagier würde aus dem Sitz geschleudert werden.

Die Ergebnisse mit dem Dummy, der einen schlafenden Fahrgast simuliert, sind bei Tempo 60 erschreckend, wie ein Notarzt bestätigt. Durch die Wucht des Aufpralls, den ein Mensch bei dieser Geschwindigkeit am gegenüberliegenden Sitz oder einer Haltestange erleiden würde, wären schwere Verletzungen im Kopf- und Gesichtsbereich möglich, die sogar zu Hirnblutungen führen könnten.

Die Tests bewiesen auch, dass die Verletzungen für einen stehenden Passagier noch schlimmer ausfallen würden – hier flog der Dummy meterweit durch die Luft. Ein stehender Fahrgast, für den die nächste Haltemöglichkeit einen Meter entfernt ist, wird so heftig nach vorne geschleudert, als pralle er ungebremst mit 60 Stundenkilometern auf eine Mauer. Er hätte keine Chance mehr, sich vor einem Aufprall zu schützen. Doch wie viel Kraft muss man aufbringen, um sich stehend bei einer Vollbremsung aus 60 Stundenkilometern festzuhalten? 51 Kilogramm. Das Ergebnis: Der Passagier müsste ein über fünfzig Kilogramm schweres Gewicht mit einer Hand vom Boden aufheben können. Wer will, kann das ja mal im Fitnessstudio ausprobieren.

?

Kann man Stromspitzen vermeiden, indem man die großen Stromfresser nur nachts betreibt?

In Zeiten des Klimawandels informieren sich immer mehr Menschen über die Zusammenhänge von Energieverbrauch und Klimaschutz. Die Stromkosten steigen dramatisch. Aus diesem Grund versuchte das Kopfball-Team zu klären, ob die Verbraucher die Stromspitzen beeinflussen können, indem sie ihr Nutzungsverhalten ändern.

Gemeinsam mit der TU Dortmund und der Gemeinde Saerbeck im Münsterland versuchten wir, diese Frage mithilfe eines groß angelegten Experiments zu beantworten. Die Gemeinde verfügt über ein abgegrenztes Stromnetz und eignete sich deshalb besonders gut für dieses Experiment. Der Stromverbrauch von Saerbeck ist am höchsten, wenn die Menschen morgens aufstehen. Duschen. Kaffee machen. Toaster. Spülmaschine. Radio.

Das Stromnetz muss so ausgelegt sein, dass es diese Spitzen jederzeit beliefern kann, damit es nicht zu einem Stromausfall kommt. Das bedeutet, das Versorgernetz muss die Menge an Strom liefern können, die während der absoluten Stromspitzen gebraucht wird. Stromverbrauch und -produktion müssen immer im Gleichgewicht sein. Deshalb werden bei extremen Spitzen sogar Reservekraftwerke aus dem europäischen Verbundnetz zugeschaltet.

Wenn es gelänge, den Energieverbrauch besser über den Tag und die Nacht zu verteilen, könnte man Stromspitzen vermeiden und damit auch den stetigen Ausbau des Versorgernetzes. Das würde sich am Ende beim Verbraucher bemerkbar machen, da sich sämtliche Ausbaumaßnahmen in der Stromrechnung niederschlagen.

Die Saerbecker Bürger wurden also gebeten, ihr tägliches Verbraucherverhalten so zu verändern, dass nicht, wie sonst üblich, Energiefresser wie Waschmaschine, Trockner und Co. tagsüber eingeschaltet wurden, sondern erst nach 21 Uhr. Das Experiment war erfolgreich: Der maximale Strombedarf nahm ab. Das Stromnetz konnte entlastet werden.

Eine Pauschallösung gibt es aber nicht. Verfügt ein Haushalt etwa über eine Solaranlage, sollten die Stromfresser am besten in den Mittagsstunden eingeschaltet werden, wenn die Sonne aufs Haus brennt. Jeder Verbraucher kann seinen Verbrauch sinnvoll beeinflussen. Im Hinblick auf die nahende Energiewende wird die Nutzung für uns alle anders werden: Wenn immer mehr Strom aus erneuerbaren Energien erzeugt wird, müssen wir den Verbrauch auf die Zeiten legen, in denen besonders viel Energie zur Verfügung steht.

Waschtag ist vielleicht bald immer dann, wenn es draußen sonnig und windig ist.

?

Ist das Telefonieren an einer Tankstelle mit dem Handy wirklich gefährlich?

Die Frage von Zuschauer Thomas Wagenführer hat sich wahrscheinlich jeder Autofahrer schon einmal gestellt: Warum ist eigentlich an Tankstellen das Telefonieren mit dem Handy verboten? Bei der Befragung der Kunden einer Tankstelle kam heraus: Jeder kannte dieses Verbot und hatte auch eine ungefähre Ahnung, warum es existieren könnte, aber worum es wirklich geht, wusste kaum jemand.

Um diese Frage zu klären, startete das Kopfball-Team eine Versuchsreihe an der Physikalisch-technischen Bundesanstalt in Braunschweig unter der Anleitung von Dr. Ulrich von Pidoll.

Das Gelände der Bundesanstalt bot den perfekten Rahmen für derartige Experimente, da es über eine eigens für Versuche gebaute Tankstelle verfügt, die mit sämtlichen Sicherheitsvorkehrungen ausgestattet ist. Dr. Pidoll, Experte für Zündvorgänge, konnte mithilfe der Tests genau darlegen, warum das Telefonieren mit Handys an Tankstellen tatsächlich gefährlich ist.

Generell, so der Experte, sind Tankstellen sehr sicher konzipiert. Aber da dort mit leicht brennbaren Stoffen wie Benzin hantiert wird, ist auf alle Fälle Vorsicht geboten!

Der erste Versuch mit einem halben Liter Benzin zeigte, dass Benzin eine brennende Oberfläche benötigt, um sich zu entzünden. Dafür ist die Oberfläche einer brennenden Zigarette allerdings zu klein. Anders sieht das zum Beispiel bei einem brennenden Streichholz aus, denn dabei handelt es sich um eine Flamme, die bereits existiert und sich nur noch weiter fortsetzen muss. Damit ist laut Dr. Pidoll ein Streichholz eine der stärksten Zündquellen, die es überhaupt gibt! Beim Diesel verhält es sich anders, weder eine Zigarette noch ein Streichholz können den Treibstoff zum Brennen bringen. Laut Experten muss man Diesel auf mindestens 55 Grad Celsius erhitzen, damit er sich überhaupt entzünden kann.

An jeder Tankstelle gibt es ein Benzin-Luft-Gemisch. Es genügen schon einige Tropfen Benzin, die vermischt mit Luft ein explosives Gemisch erzeugen.

Telefoniert ein Kunde der Tankstelle, während er tankt, ist das im Grunde noch kein Problem. Sollte ihm aber das Handy zum Beispiel beim Hantieren mit dem Zapfhahn hinunterfallen, kann es beim Aufprall des Handys auf dem Boden passieren, dass sich der Akku aus dem Gehäuse löst. Dabei entsteht ein sogenannter Abreißfunke, der, weil das Handy gerade sendet und somit auf höchster Energie ist, ausreichen kann, um das Benzin-Luft-Gemisch an einer Zapfsäule zu entzünden.

Im Grunde kann dieser Abreißfunke bei jedem elektronischen Gerät entstehen, wobei es jedoch ziemlich unwahrscheinlich ist, dass jemand einen Toaster an der Tankstelle benutzt. Deshalb ist das Verbot auf Handys beschränkt.

Eine ganz andere Gefahr beim Tanken ist den meisten Menschen dagegen völlig unbekannt: die elektrische Ladung des Fahrers. Die Kleidung kann sich durch die Bewegungen beim Fahren elektrisch aufladen. Diese Ladung kann abgeleitet werden, indem man nach dem Aussteigen etwas Metallisches berührt, wie zum Beispiel das Auto. Wenn das nicht geschieht und die Ladung auch noch durch gut isolierende Schuhe aufrechterhalten wird, kann es passieren, dass sich diese Ladung erst beim Tankvorgang selbst entlädt. Das heißt, wenn sich die erhaltene elektrische Ladung in dem Moment entlädt, in dem das Benzin in den Tank läuft, zum Beispiel bei Berühren der Tanköffnung, kommt es zu einer Zündung des Benzin-Luft-Gemischs. Ein solcher Unfall ist tatsächlich 1993 an einer Tankstelle in Leipzig geschehen! Entgegen mancher Vermutung muss aber gesagt werden, dass in einem solchen Fall weder die Zapfsäule noch das Auto explodiert. Dennoch ist es natürlich für den Betroffenen äußert gefährlich, da er selbst auch in Brand geraten kann.

?

Warum friert im Winter beim Auto immer zuerst die Frontscheibe zu?

Auf dem zweithöchsten Berg Nordrhein-Westfalens, dem Kahlen Asten, herrschen ideale Bedingungen, um der Frage der beiden Zuschauer Reinhard Asmussen und Ralf Igelbrink auf den Grund zu gehen – gemeinsam mit dem Wärmeexperten Dr. Dittie.

Dazu wurden auf dem Berg drei baugleiche Kleinwagen unter verschiedenen Voraussetzungen geparkt. Denn der Gedanke lag nahe, dass die schnellere Vereisung der Frontscheibe etwas mit der jeweiligen Neigung der Scheibe zu tun haben könnte. Deshalb wurde einer der Wagen ganz normal geparkt, während der zweite aufgebockt wurde, um eine größere Neigung der Scheibe zu erreichen. Der dritte Kleinwagen wurde unter einen sogenannten Carport, eine an Stangen befestigte Plane, gestellt.

Nach einiger Zeit wurde das Ergebnis sichtbar: Am stärksten war die Scheibe des aufgebockten Autos vereist, darauf folgte die Scheibe des normal geparkten Wagens, und beinahe eisfrei war die Frontscheibe des Fahrzeugs, das unter dem Carport stand.

Warum das so war, konnte Dr. Dittie mithilfe seiner Wärmebildkamera erklären.

Nach den Messungen der Scheiben und der Umgebung ließ sich Folgendes sagen: Die Frontscheibe war um ca. zwei Grad kälter als die Umgebung, während die Seitenscheiben wiederum etwas wärmer als die Frontscheiben waren.

Bei dem Vergleich der Temperaturen der Scheiben zwischen den drei Testautos zeigte sich auch das, was man schon anhand der Vereisung sehen konnte: Die kälteste Scheibe war die des aufgebockten Fahrzeugs, die wärmste die des Autos unter dem Carport. Interessant war bei den Wärmebildaufnahmen auch, dass man die Temperatur der Umgebung messen konnte.

Der entscheidende Faktor für den Grad der Vereisung ist die

Neigung der Scheibe. Denn die Lufttemperatur, die in der Umgebung der Autos gemessen werden konnte, betrug bei diesem Experiment minus 5,9 Grad. Maß man aber die Temperatur weiter oben, also Richtung Himmel, wurde sie drastisch kälter – in diesem Fall waren es sogar minus 57 Grad! Dr. Dittie erklärte: Da die Luft weiter oben immer kälter wird, kühlt alles, was nach oben schaut, stärker ab. Da die Windschutzscheibe mehr Richtung Himmel geneigt ist als die Seitenscheiben, vereist sie schneller. Sie bekommt sozusagen mehr von der arktischen Kälte des Himmels ab und verliert dadurch schneller ihre Wärme.

Den Beweis lieferte die Wärmekamera bei dem aufgebockten Auto. Die Frontscheibe war um ein halbes Grad kälter als die des normal geparkten Autos. Ein weiterer Beweis war das Auto, das unter dem Carport stand: Das Dach des Carports wirkte wie ein Schild zwischen dem freien Himmel und der Scheibe. Die Wärme der Scheibe konnte nicht so stark abgestrahlt werden, weil sie vom Dach reflektiert wurde, und somit kühlte die Scheibe nicht so stark aus.

?

Wie viel sind die Rohstoffe in einem schrottreifen Auto wert?

Auf einem Schrottplatz bei Köln ging Kopfball gemeinsam mit einem KfZ-Meister der Frage nach, wie viel Geld man noch für die Rohstoffe eines schrottreifen Autos bekommen kann.

Um herauszufinden, wie viel Gewicht des jeweiligen Rohstoffs in dem Auto verarbeitet ist, musste das Fahrzeug im wahrsten Sinne des Wortes in seine Einzelteile zerlegt werden. Dazu wurde zuerst der gesamte Kunststoff entfernt, der es immerhin auf ein Sechstel des Gesamtgewichts bei alten Autos bringt. Bei den neueren Fahrzeugen ist dieser Anteil wesentlich höher. Der nächste Rohstoff war Glas, zum Beispiel aus den Scheiben. Das Glas wird lediglich eingeschmolzen, hat aber ansonsten keinen Wert. Dann kam das Eisen, das ca. drei Viertel des Gewichts eines Autos ausmacht. Das sind ungefähr 700 Kilogramm pro Wagen!

Die wertvollsten Rohstoffe sind Aluminium und Kupfer, aber auch Ersatzteile wie zum Beispiel elektronische Steuergeräte sind gut zu verkaufen. Die Ersatzteile müssen im Gegensatz zum Rest nicht weiter zerlegt werden.

Im Falle des Kopfball-Schrottautos kam am Ende, nachdem alle Rohstoffe gewogen waren, ein Wert von 276,90 Euro zustande. Diese Summe errechnete sich durch die verschiedenen Kilogrammpreise der jeweiligen Rohstoffe. Während man für Eisen ungefähr zehn Cent pro Kilogramm bekommt, erhält man für die Aluteile fast zehn Mal so viel. Am wertvollsten ist aber das Kupfer, das sich unter anderem in den Elektrokabeln des Wagens verbirgt: In diesem Fall waren das für 10 Kilogramm Kupfer 43,80 Euro.

Auch der Preis für die Ersatzteile kann sich mit stolzen 90 Euro sehen lassen. Wenn man sich, bevor man das Auto zum Schrottplatz bringt, die Mühe macht, die Einzelteile selbst auszubauen und zu sortieren, kann man sich nochmals 110 Euro Entsorgungsgebühren sparen. Bei dem von Kopfball verwendeten Auto bedeutete dies dann einen Gesamtwert von 385 Euro.

?

Welche Kabine wird auf öffentlichen Toiletten am häufigsten benutzt?

Der Gang zur öffentlichen Toilette ist wohl für jeden irgendwann unvermeidlich, und wahrscheinlich hat sich auch beinahe jeder schon einmal Gedanken darüber gemacht, welche dieser Toiletten wohl die sauberste ist. Eine Studie von Professor Mete Demiriz besagt, dass die am häufigsten aufgesuchte Toilette immer diejenige ist, die am leichtesten zu erreichen ist.

Doch das Kopfball-Team machte einen Test in einer öffentlichen Toilettenanlage, um zu sehen, wie es um das Toilettenverhalten der Deutschen bestellt ist. In der Toilettenanlage, in der gezählt werden sollte, welche Kabine wie oft aufgesucht wurde, gab es bei den Frauen fünf und bei den Männern drei Kabinen.

Hat die Wahl der Toilette einen psychologischen Hintergrund, oder ist sie reiner Zufall?

Am Ende der Zählung stellte sich heraus, dass im Falle der Damentoiletten die These von Prof. Demiriz zutraf: Die Toiletten, die am leichtesten zu erreichen waren, und das waren in diesem Fall die mittleren, wurden am häufigsten frequentiert. Die anderen Kabinen, die weiter vom Eingang der Toilettenanlage entfernt lagen, wurden weniger häufig aufgesucht.

Doch das Ergebnis bei den Männern widerlegte diese These. Hier wurde nämlich nicht die am einfachsten zu erreichende Kabine am meisten benutzt, sondern die am weitesten entfernte!

Fazit der Zählung ist, dass auf der einen Seite eine wissenschaftliche Studie besagt: Am häufigsten werden die Kabinen aufgesucht, die am einfachsten zu erreichen sind, dass es aber auch an manchen Orten eben nicht so sein muss, wie das Ergebnis auf der Männertoilette in Köln gezeigt hat.

?

Macht stickige Luft schlapp und unkonzentriert?

Diese Situation kennt jeder: Man befindet sich in einem stickigen Raum mit mehreren Menschen und merkt, wie dem Gehirn im wahrsten Sinne des Wortes die Luft ausgeht. Man wird müde und kann sich nicht mehr konzentrieren. Aber stimmt das, oder ist das vielleicht nur Einbildung? Macht stickige Luft tatsächlich schlapp und unkonzentriert?

Um das herauszufinden, testete Kopfball die Konzentrationsfähigkeit der Schüler einer Kölner Grundschule. Eine Psychologin überwachte den Versuch.

Luft ist vor allem dann stickig, wenn sie besonders viel CO_2 und wenig Sauerstoff enthält. Die Schüler atmen Sauerstoff ein und Kohlendioxyd aus. Der CO_2-Gehalt der Luft steigt schnell an. Normalerweise sollte der Co_2-Wert 1500 ppm nicht übersteigen. Aber das Experimente zeigte: Schon nach kurzer Zeit herrschte in dem Klassenzimmer ein Wert von 2958 ppm!

Das Kohlendioxyd, das jetzt ständig eingeatmet wird, verdrängt den Sauerstoff im Blut und macht schlapp. Zu diesem Zeitpunkt sollten die Schüler einen Test machen, der ihnen einiges an Konzentration abverlangte. Der Co_2-Wert lag mittlerweile bei 3600 ppm.

Um den zweiten Test unter besseren Bedingungen in Hinblick auf die Sauerstoffversorgung ablaufen zu lassen, wurde im Klassenzimmer stoßgelüftet. Denn nur durch Stoßlüften kann wieder genügend Sauerstoff in das Zimmer gelangen. Bei der nächsten Messung war der CO_2-Wert fast vier Mal niedriger als beim ersten Durchlauf. Die Auswertung der Schultests zeigte, dass die Ergebnisse bei stickiger Luft um 13 Prozent schlechter waren als bei einem gelüfteten Raum.

Am Institut für Luft- und Raumfahrtmedizin ließ sich das Kopfball-Team zeigen, was im Extremfall bei Sauerstoffmangel passieren kann. Je weiter der Sauerstoffgehalt im Blut sinkt, umso mehr steigt der Puls. Die Konzentration lässt nach. Zu viel CO_2-Gehalt in der Luft hat also einen direkten Einfluss auf den Sauerstoffgehalt im Blut. Man kann sich nicht mehr konzentrieren, weil das Gehirn nicht mehr ausreichend mit Sauerstoff versorgt wird.

?

Verschwinden Socken in der Waschmaschine?

Wahrscheinlich gibt es fast keinen einzigen Haushalt, bei dem nicht die ein oder andere Socke nach dem Waschen spurlos verschwunden ist. Der Mythos der sockenfressenden Waschmaschine hält sich hartnäckig und ist damit ein Fall für ein Kopfball-Experiment.

Waschmaschinenmonteur Georg Hellekes bestätigte das Gerücht und zeigte, was passiert, wenn eine Maschinen eine Socke »frisst«. Die Socke gerät beim Waschen in den Spalt zwischen der Gummidichtung und der Trommel. Durch die ständige Drehbewegung der Trommel und die restliche Wäsche, die immer etwas nachschiebt, verschwindet die Socke Stück für Stück weiter hinter die Wäschetrommel. Wenn sie einmal ganz verschwunden ist, ist es gar nicht so einfach, sie wieder ans Tageslicht zu befördern. Der Monteur musste dafür die komplette Trommel ausbauen und zeigte, wo sich die Socke versteckt hatte: zwischen der Trommel und dem Bottich. Von dort aus könnte sie auch weiter in den Abfluss der Waschmaschine rutschen und alles verstopfen.

Doch das Phänomen der sockenfressenden Waschmaschine kommt nur relativ selten vor. Der Monteur berichtete, dass bei 1000 Reparaturen ungefähr vier bis fünf Socken zutage gefördert werden. Und das passiert auch hauptsächlich bei älteren Maschinen, bei denen sich im Laufe der Zeit der Gummi an der Trommel gedehnt hat. Wahrscheinlicher ist es, dass sich die Socke beim Waschen in Bettbezüge oder Taschen verwickelt hat und erst nach einiger Zeit wieder zum Vorschein kommt.

Wie gefährlich ist es, im Auto auf dem Beifahrersitz die Füße hochzulegen?

Auf einer langen Reise mit dem Auto legen die Beifahrer oft ihre Füße auf das Armaturenbrett, um die lange Zeit im Sitzen bequemer zu überstehen. Doch was passiert im Falle eines Zusammenstoßes? Der erste Gedanke gilt dem Beifahrerairbag. Denn der würde sich blitzschnell öffnen, ohne dass der Beifahrer noch die Chance hätte zu reagieren.

Normalerweise dient der Airbag dem Schutz der Fahrzeuginsassen. Aber in diesem Fall kann er sehr gefährlich werden. Am Technologiezentrum der Dekra in Brandenburg zeigten Ingenieure dem Kopfball-Team, was passieren kann, wenn der Airbag sich löst, während der Beifahrer die Beine auf dem Armaturenbrett hat. Das Experiment selbst war nicht ungefährlich: Airbags enthalten Festtreibstoff. Das ist eine ähnliche Art Treibstoff, wie er auch für Raketen verwendet wird. Wenn dieser Treibstoff gezündet wird, bläht sich der Airbag mit über 500 Stundenkilometern auf. Auf einer speziellen Anlage der Dekra kann man Auffahrunfälle mit bis zu 80 Stundenkilometern simulieren und damit auch dieses Kopfball-Experiment.

Die Experten stellten einen Aufprall bei etwa 30 Stundenkilometern mit einem Dummy nach: Der explodierende Airbag riss dem Beifahrer die Beine so auseinander, dass die Füße dabei durch die Frontscheibe gedrückt wurden. Gleichzeitig wurde der Kopf des Betroffenen nach vorne geschleudert. Unfallchirurg Dr. Jan Lehmann, der die Schäden an der Puppe nach dem Test begutachtete, stellte den Grad der Verletzungen fest. Es würde sich auf alle Fälle um eine schwere Verletzung handeln, weil nicht nur die Knochen an Füßen, Beinen und dem Beckenbereich verletzt würden. Auch innere Verletzungen der Gefäße wären nicht zu vermeiden. Außerdem wären die Verletzungen im Halswirbelbereich durch das Nach-vorne-Schleudern des Kopfes höchstwahrscheinlich so schwerwiegend, dass es zu einer Querschnittslähmung käme. Laut dem Chirurgen würde der Beifahrer diesen Zusammenstoß aufgrund der schwerwiegenden Verletzungen nicht überleben! Ein Airbag kann sich demnach bei einer falschen Sitzposition von der lebensrettenden Hilfe zum tödlichen Katapult entwickeln.

?

Warum ist ein Euroschein so stabil?

Wer kennt das nicht, man findet in der gerade frisch gewaschenen Hose einen Geldschein, den man vergessen hatte. Und das Erstaunliche ist: Er ist noch ganz. Woher kommt diese Widerstandsfähigkeit?

Der Euro im Härtetest: Damit wir herausfinden können, wie oft der Geldschein diese Prozedur durchhält, ohne dabei zu reißen, musste er in der Kopfball-Werkstatt 20 90-Grad-Wäschen über sich ergehen lassen. Das Ergebnis: Der Schein war immer noch erkennbar!

Ein Chemiker erklärte, warum die Scheine so stabil sind: Das liegt an ihrer Struktur. Denn ein Euroschein besteht hauptsächlich aus kurzen, gepressten Baumwollfasern. Das ist auch der Grund dafür, warum sich der Schein trotzdem so anfühlt, als wäre er aus Papier. Im »Faltduell« Papier gegen Euroschein ist der Geldschein der eindeutige Sieger.

Das liegt zum einen an der unterschiedlichen Struktur der Rohstoffe: Die Faserart des Holzes, aus dem das herkömmliche Papier hergestellt wird, ist nicht so stabil wie die der Baumwollpflanze. Zu diesem Baumwollstoff kommen noch Leim und Füllmittel, die zusammengepresst mit den Baumwollfasern die Stabilität des Euros ergeben. Das ist auch gut so, denn ein Euroschein muss einiges mitmachen, während er von Besitzer zu Besitzer wechselt. Generell sollten deshalb die Scheine alle zwei bis drei Jahre erneuert werden, um die Stabilität zu gewährleisten.

Doch ab wann ist eigentlich Schluss? Ab einem gewissen Grad der Zerstörung darf der Einzelhandel den Schein als Zahlungsmittel ablehnen. Der Schein ist dann allerdings nicht wertlos, er kann bei einer Bank gegen einen unbeschädigten Schein ausgetauscht werden. Wobei sich die Banken bei einem Tausch an genaue Vorschriften halten: Will man zum Beispiel einen zerrissenen Schein tauschen, muss man zumindest im Besitz der größeren der beiden Hälften sein. Ist für die Bank ersichtlich, dass es sich um eine Originalbanknote handelt, wird sie umgetauscht. Und das sogar, wenn der Schein versehentlich in Brand geraten ist. Für solche seltenen Fälle hat die Bundesbank sogar Spezialisten, die in ihrem Labor genau überprüfen können, ob das Geld getauscht werden kann oder nicht.

?

Warum müssen unsere Straßen ständig repariert werden?

Auf Deutschlands Straßen wird jeder vierte Stau durch eine Baustelle verursacht. Zum Zeitpunkt dieser Kopfball-Frage gab es alleine in Nordrhein-Westfalen an die 200 Baustellen. Das wirft die Frage auf, warum die Straßen ständig erneuert werden müssen.

Baustellenleiter Peter Belusa erklärte, was bei der Reparatur einer Straße genau gemacht wird. Der Straßenkörper besteht mindestens aus der Deckschicht, sie ist die eigentliche Fahrbahn, der Bindeschicht und der Tragschicht ganz unten.

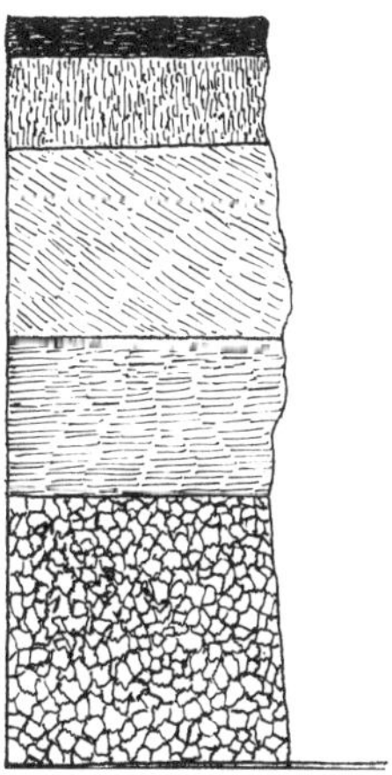

Eine Straße besteht zwar aus mehreren Schichten, doch die dauerhafte Belastung führt häufig zu kleinen Rissen in der Oberfläche, die, wenn sie nicht erkannt und rechtzeitig repariert werden, zu Schlaglöchern werden können.

Um zu überprüfen, ob die Straße Schäden aufweist, die teilweise mit dem bloßen Auge gar nicht zu erkennen sind, gibt es vom Bundesamt für Straßenwesen spezielle Fahrzeuge. Diese Messfahrzeuge können durch Messgeräte an Bord Risse in der Fahrbahn erkennen, die weniger als einen halben Millimeter breit sind. Professor Bernhard Steunauer, Experte für Straßenbautechnik, erklärte, dass auch die kleinsten Risse Auslöser für Straßenschäden sein können. Wenn in den Riss Regenwasser eintritt, das bei Kälte gefriert, entsteht automatisch ein Schlagloch. Denn das gefrorene Wasser dehnt sich aus und weitet dadurch den Riss. Dieser Zyklus wird mehrmals wiederholt, und am Ende hat die Straße ein Loch, das immer größer wird, je mehr Autos drüberfahren. Den Zyklus bis hin zum Schlagloch kann man verhindern, indem die Risse frühzeitig erkannt und versiegelt werden.

Die Risse können sich aber auch von unten aus der Tragschicht der Straße bilden. Wenn dann immer wieder die Achslasten der Fahrzeuge, vor allem die der LKWs, auf die Stelle prallen, entsteht ein Spalt, der ständig größer wird. Durch die Last von oben biegt sich der Teer, und der Riss dehnt sich immer weiter auf. In so einem Fall kann nicht wie zuvor, wie beim Riss in der Deckschicht, versiegelt werden. Der gesamte Straßenkörper muss erneuert werden. Und dafür braucht es eine Baustelle.

Wodurch entstehen die typischen Geräusche beim Wasserkochen?

Wenn man einen Wasserkocher einschaltet und genau hinhört, stellt man fest, dass sich das Geräusch beim Kochen ständig verändert. Nach dem Einschalten wird es zuerst immer lauter, um dann auf einmal kurz vor dem Siedepunkt wieder deutlich leiser zu werden. Woher kommt diese Veränderung des Geräuschs? Müsste es denn nicht einfach, je heißer das Wasser wird, umso lauter werden? Mithilfe einer Thermokamera kann man sehen, dass sich das Wasser gleichmäßig erhitzt, obwohl sich die Kochplatte am Boden des Wasserkochers befindet. Das liegt daran, dass wärmeres Wasser ein geringere Dichte hat als kaltes Wasser und deshalb nach oben steigt. Infolgedessen werden die kalten Wassermengen an den Seiten des Kochers nach unten gedrückt.

Bei dem leisen Prasseln, das kurz, nachdem der Wasserkocher angeschaltet wurde, einsetzt, handelt es sich um die kleinen Luftbläschen am Boden. Das passiert, wenn man Leitungswasser erwärmt: Die darin gespeicherte Luft entweicht in Form von Bläschen, die an die Oberfläche steigen und dort mit einem leisen Knistern platzen.

Wenn die Kochplatte richtig heiß geworden ist, entstehen Bläschen aus Wasserdampf. Diese treffen mit dem kalten Wasser, das von den Seiten nach unten strömt, zusammen und kollabieren. Der Dampf wird durch die Abkühlung wieder zu Wasser, die Dampfblase verschwindet schlagartig. Und genau dieses »Zusammenfallen« geschieht laut, mit dem typischen Geräusch des kochenden Wassers. Deshalb nimmt das Geräusch auch anfangs immer mehr zu, denn je mehr Wasserdampf entsteht, umso lauter das Geräusch, wenn er auf das kältere Wasser trifft. Wenn das Wasser dann insgesamt warm ist und der Wasserdampf nicht mehr kollabieren kann, nimmt auch das Geräusch wieder ab. Denn die Dampfblasen steigen jetzt bis zur Oberfläche auf, ohne wirder zusammenzufallen. Erst wenn das Wasser insgesamt kocht, wird das Geräusch wieder lauter, und man kann das typische brodelnde Geräusch kochenden Wassers hören.

?

Was passiert, wenn der Fön in die Badewanne fällt?

Kopfball-Reporterin Isabel war verblüfft. Denn als sie einen laufenden Fön in eine mit Wasser gefüllte Badewanne hängte, passierte erst einmal nichts. Die Blitze und Funken, wie man sie aus Filmszenen kennt, blieben aus. Der Fön lief sogar einfach unter Wasser weiter!

Doch natürlich war die Situation nicht so harmlos, wie sie aussah, denn im Badewasser herrschte jetzt eine Stromstärke von 100 Milliampere. Diese Stromstärke ist lebensgefährlich, da das menschliche Herz schon bei der Hälfte davon aufhören kann zu schlagen.

Wird der Fön eingeschaltet, entsteht ein geschlossener Stromkreis zwischen der Steckdose und dem Gerät. Kommen aber Teile des Föns mit dem Badewasser in Berührung, überträgt sich der Strom auch auf das Wasser. Interessant ist, dass destilliertes Wasser nicht leitet. Mischt man aber in das gereinigte Wasser etwas Salz, leitet es.

Da in Leitungswasser, das man zum Baden benutzt, Salz enthalten ist, wird der Strom weitergeleitet. Deshalb müssen in Badezimmern zum Schutz spezielle Fehlerstromschutzschalter eingebaut werden. Diese Schalter kontrollieren den Stromfluss: Geht mehr an Strom weg, als wieder zurückkommt, reagiert er wie eine Sicherung und schaltet den Strom sofort ab. Im Falle des Experiments mit dem Fön bildet sich in dem Moment, in dem der Fön ins Wasser taucht, ein zweiter Stromkreis über das Badewasser. Die Menge an Strom, der zurückkommt, ist dadurch geringer, und der Schalter unterbricht den Stromkreis.

Trotzdem bleibt es lebensgefährlich, ein elektrisches Gerät in Kontakt mit Badewasser zu bringen, denn der Schalter könnte defekt sein oder zu spät reagieren.

?

Was ist ein Trojaner, und wie gefährlich kann er für mich auf dem Computer werden?

Das Kopfball-Team war zu Besuch im Bundeskriminalamt. Hier existiert eine spezielle Abteilung, die sich nur mit Internetkriminalität beschäftigt. Der Teamleiter der Spezialabteilung, Mirko Manske, erklärte den Vorgang, wie man sich einen Trojaner einfangen und was dann passieren kann, anhand eines Beispiels. Dafür hatte er einen typischen und häufig vorkommenden Trojaner vorbereitet, sodass Kopfball-Reporter Adrian, der online ging und sich wie ein normaler Benutzer verhielt, in die Falle tappte. Einen Trojaner kann man zum Beispiel beim Herunterladen einer Datei unerwünscht mitgeliefert bekommen. In diesem Fall ist eine Musikdatei »infiziert«. Sie ist sozusagen das Trojanische Pferd für den Virus, der gleichzeitig und völlig unbemerkt auf den Computer geladen wird.

Das Virenprogramm installiert sich selbst auf dem Rechner und spioniert die digitale Identität des Benutzers aus. Von diesem Moment an wird alles, was der Nutzer am Computer macht, aufgezeichnet – und das vollkommen unbemerkt!

Der Trojaner nimmt dabei automatisch Kontakt zu dem Kriminellen auf, von dem er stammt, und ermöglicht ihm den Zugriff auf die Festplatte des Nutzers. Auch alle Tastaturbefehle werden ab diesem Zeitpunkt an den Kriminellen übermittelt. Auf diese Weise erhält er sämtliche Passwörter und damit zum Beispiel auch den Zugang zum Onlinebanking oder Onlineshopping. Der Kriminelle kann jetzt auf Kosten des Nutzers im Internet Geschäfte machen beziehungsweise einkaufen gehen.

Um den Computer bestmöglich vor solchen Angriffen zu schützen, sollte man immer aktuelle Virenschutzprogramme installiert haben und die Programme sowie das Betriebssystem auf den neuesten Stand bringen. Das minimiert das Risiko, ist aber auch keine Garantie dafür, dass man vor Trojanern geschützt ist.

?

Warum sehe ich mich im Löffel auf der einen Seite richtig herum und auf der anderen Seite falsch herum?

Wenn man in einem Löffel sein Spiegelbild betrachtet, fällt als Erstes auf, dass man sich auf dem Kopf stehen sieht. Es kommt aber noch ein anderes Phänomen dazu, wenn man den Löffel zu sich hin bewegt. Denn ab einer bestimmten Nähe zum Spiegelbild dreht es sich um, und man sieht sich wieder richtig herum.

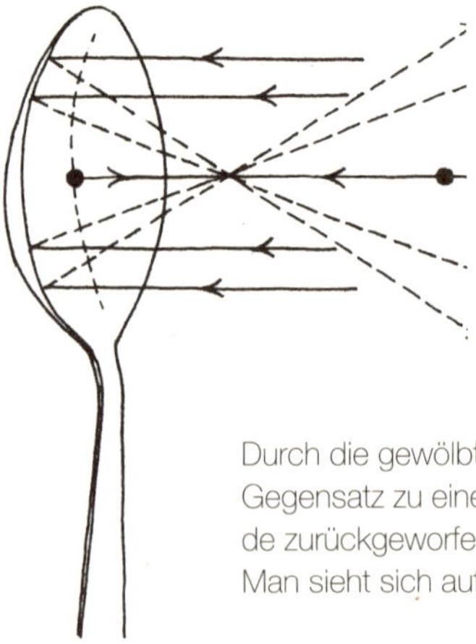

Durch die gewölbte Fläche des Löffels wird – im Gegensatz zu einem Spiegel – das Bild nicht gerade zurückgeworfen, sondern nach oben abgeleitet: Man sieht sich auf dem Kopf.

Grund dafür ist die Wölbung des Löffels. Wie ein Spiegel reflektiert er die Lichtstrahlen, allerdings werden diese nicht parallel zurückgeworfen, sondern wie bei einem Hohlspiegel gebündelt. So wird das Licht, das auf die untere Löffelhälfte trifft, nach oben zurückgeworfen und das Licht, das auf die obere Löffelhälfte trifft, nach unten. Die Lichtstrahlen kreuzen sich also in einer bestimmten Entfernung vor dem Löffel. Dieser Kreuzungspunkt wird auch als Brennpunkt bezeichnet. Hinter dem Brennpunkt befinden sich die Lichtstrahlen, die von der oberen Löffelhälfte reflektiert wurden, unten – und umgekehrt.

Schaut der Betrachter also von einer Position aus auf den Löffel, die hinter dem Brennpunkt liegt, steht das Spiegelbild auf dem Kopf.

Ausnahmesituationen

?

Wie zeigt man Zivilcourage, ohne sich selbst zu gefährden?

Es passiert immer wieder, dass Passanten unfreiwillig Zeuge einer Pöbelei oder vielleicht sogar eines Angriffs werden. In diesem Moment stellt sich für jeden die Frage: Soll ich eingreifen? Und wenn, wie mache ich das am besten, ohne mich zu gefährden? Vermutlich finden viele darauf keine befriedigende Antwort – und helfen nicht.

Um zu zeigen, was in solchen Situationen geschieht, hat das Kopfball-Team ein aufwendiges Experiment in der Essener U-Bahn durchgeführt. Dabei wurde ein kompletter Wagon der Essener U-Bahn so präpariert, dass mit einer versteckten Kamera eine von Schauspielern in Szene gesetzte Pöbelei und die Reaktion der Fahrgäste eingefangen werden konnten.

Begleitet wurde dieses Experiment unter anderem von Frau Dr. Anne Frey, einer Psychologin. Sie sollte die Reaktionen der Beteiligten analysieren.

Das Ergebnis war verblüffend: In sechs von sieben Fällen schritten Fahrgäste, die die Attacke auf einen jungen Mann sahen, ein! Dabei konnte man ganz unterschiedliche Reaktionsmuster beobachten: Einige gingen alleine und direkt auf das Geschehen zu und mischten sich ein, indem sie entweder die Unruhestifter oder das Opfer ansprachen. Andere holten sich, bevor sie einschritten, zuerst Verstärkung bei den anderen Fahrgästen. Wieder andere hielten sich im Hintergrund und alarmierten per Telefon die Polizei.

Immer wieder konnte man aber auch sehen, dass die Menschen lieber wegschauten.

Laut Dr. Frey geht dieses Verhalten auf die natürliche Angst davor, verletzt zu werden, zurück, aber auch die Scham, vielleicht etwas Falsches und damit Peinliches zu tun, sei sehr groß. Erst wenn der soziale Wert, zu helfen, so hoch ist, dass diese Barriere überschritten wird, greift ein Mensch ein. Die Psychologin räumt aber ein, dass in einer derartigen Situation auch noch die sogenannte Verantwortungsdiffusion eine Rolle spielt. Das heißt: Je mehr Leute in einer solchen Situation anwesend sind, umso mehr verteilt sich die Verantwortung auf die Anwesenden und umso weniger schreiten ein.

Gut zu beobachten ist zudem auch die Rückversicherung der Einzelnen an den Handlungen der anderen: Wird beobachtet, dass die anderen die Situation ignorieren, kommen die meisten zu dem Schluss, das auch zu tun.

Am Ende haben bei dem Kopfball-Experiment von 55 Fahrgästen insgesamt 16 nach durchschnittlich zwei Minuten geholfen.

Im Folgenden hat das Kopfball-Team gemeinsam mit Dr. Frey für jeden, der einmal in eine derartige Situation geraten sollte, ein paar Tipps zusammengefasst, wie man Zivilcourage zeigen kann, ohne dabei seine eigene Sicherheit zu stark zu gefährden:

Als Erstes sollte man die Situation abschätzen: Welche Möglichkeiten hat man und sind sie realistisch? Gibt es Helfer, die man mit einbeziehen könnte, oder die Polizei? Wenn andere Personen in der Nähe sind, die helfen könnten, sprechen Sie diese direkt an!

Man sollte nie die Täter direkt ansprechen, da sie sich dadurch vielleicht noch aggressiver verhalten, weil sie einen Gegner bekommen. Es ist besser, das Opfer direkt anzusprechen und zu versuchen, es aus der Situation zu holen. Und falls man zu dem Entschluss kommt, aus irgendwelchen Gründen nicht direkt einzugreifen, sollte man aus dem Hintergrund helfen und die Polizei alarmieren. Auch eine Zeugenaussage kann nach einem derartigen Vorfall sehr hilfreich sein!

Gerät man selbst in die Position des Opfers, ist es das Wichtigste, dass man auf die eigene Situation aufmerksam macht und die Anwesenden direkt mit einbezieht. Das schüchtert die Angreifer ein und motiviert die Zeugen, zu helfen.

?

Kann man sich alleine aus einem Moor befreien?

600 Leichen wurden bisher in den deutschen Mooren entdeckt. Neuere Untersuchungen deuten darauf hin, dass diese Menschen zum größten Teil Opfer der Natur und nicht, wie zuvor angenommen, von Gewaltverbrechen wurden. Ist das Moor wirklich so gefährlich, wie man sagt, oder ist das ein Mythos? Kopfball-Reporter Burkhardt stellte sich dem Selbstversuch und ging in ein Moor. Der Biologe, der mit vor Ort war, klärte auf: Moore sind zugewachsene Wasserflächen, kein Land. Eine der tückischen Gefahren des Moors ist die Temperatur, die unter der Oberfläche herrscht. Denn egal, ob Winter oder Sommer, unter der bewachsenen Schicht ist ein Moor so kalt, dass es nur wenige Minuten dauert, bis sich ein Mensch nicht mehr bewegen kann. Das Moor, in dem das Kopfball-Experiment stattfand, hatte zum Beispiel nur acht Grad. Außerdem befindet sich unter der Oberfläche eine mehrere Meter tiefe Schlammschicht. In einem Moor lauern also mehrere Gefahren auf einmal:

- *man kann beim Gehen plötzlich einbrechen;*
- *der Boden ist weder fest noch flüssig, das heißt, jeder Schritt bedeutet einen Kraftakt;*
- *bei einer Temperatur unter zehn Grad bleiben einem Menschen nur wenige Minuten Zeit, um sich zu befreien;*
- *alles gibt nach, was zur Folge hat, dass jeder Versuch, sich zu befreien, das Loch, in dem man sich befindet, noch vergrößert.*

Reporter Burkhardt schaffte es am Ende, sich selbst aus dem Moorloch zu befreien. Es gelang ihm allerdings nur unter größtem Kraftaufwand und in letzter Sekunde. Unter anderen Umständen, zum Beispiel bei Nacht, wäre er im Moor versunken.

?

Kann ein gewöhnlicher Passagier im Notfall ein Verkehrsflugzeug allein nach den Anweisungen aus dem Tower landen?

Im Film klappt das meistens: Ein Passagier landet in einer Notsituation mit einem Flugzeug. Das Ganze endet in einer spektakulären Bruchlandung, bei der aber alle überleben.

Wie das jedoch in der Realität aussehen würde, hat Kopfball in einem Flugsimulator getestet. Die Situation: Beide Piloten sind nicht mehr fähig zu fliegen, und einer der Passagiere, der keinerlei Erfahrung mit Flugzeugen hat, soll die Verkehrsmaschine unter Anleitung eines erfahrenen Piloten aus dem Tower landen.

Die ersten Schwierigkeiten bestehen schon darin, dem Passagier (in diesem Fall unserem Kopfball-Reporter Klas, der im Cockpit des Flugsimulators saß) zu erklären, welche Anzeigen in dem mit Displays übersäten Flugzeug für ihn relevant sind. Eine weitere Schwierigkeit stellt die Reaktion des Flugzeugs auf die Steuerbefehle dar. Denn von dem Moment an, in dem der Autopilot ausgeschaltet wird, muss Klas das Flugzeug von Hand steuern und stellt fest, dass es sich völlig anders verhält als zum Beispiel ein Auto. Die Maschine reagiert zeitverzögert und wesentlich stärker als erwartet auf die Befehle. Nun geht es darum, die Anweisungen des Piloten zu verstehen, gleichzeitig die richtigen Steuerungselemente zu bedienen und schnell zu handeln, ohne dabei die Nerven zu verlieren. Wie schwierig das alles ist und unter welchen psychischen Stress man dabei kommt, konnte man gut anhand der Reaktionen des Kopfball-Reporters sehen: Er war sichtlich gestresst und überfordert.

Obwohl das Flugzeug am Ende tatsächlich auf der Erde aufsetzte, erklärte der Pilot, dass diese Landung im Rasen neben der

Landebahn katastrophale Auswirkungen auf das Flugzeug und seine Insassen gehabt hätte. Wahrscheinlich wäre beim Aufsetzen in der Wiese das Fahrwerk abgebrochen, und die Maschine hätte sich mit den Triebwerken in die Erde gebohrt, wobei sie angefangen hätte zu brennen.

Fazit des Tests im Flugsimulator: Es ist einem unerfahrenen Flieger nicht möglich, ein Verkehrsflugzeug sicher zu landen, auch nicht mit professioneller Anleitung.

?

Wie lange kann man in der Luftblase eines sinkenden Schiffs überleben?

Auf der ehemaligen Fregatte »Köln« der deutschen Marine versuchte das Kopfball-Team, diese Frage mit einem nervenaufreibenden Versuch zu beantworten. Dazu wurde im unteren Bereich der Fregatte ein Raum geflutet, sodass dem Actionexperten Dirk Gion von Kopfball und dem Kameramann wie in einer echten Schiffsbruchsituation eine Luftblase zum Atmen blieb.

Generell ist natürlich die Größe der Blase ausschlaggebend für die Menge an Sauerstoff, die den Schiffbrüchigen zur Verfügung steht. Bei dem Experiment wurde aber schnell klar, dass eines der größten Probleme in einer solchen Situation das ausgestoßene Kohlenstoffdioxid ist. Denn das beim Atmen ausgestoßene Gas nimmt wesentlich schneller zu, als der Sauerstoffanteil der Luftblase abnimmt. Verstärkt wird dieser Prozess durch die Panik, die jeden Menschen in einer derartigen Situation befällt. Sogar der Kopfball-Actionexperte, der an Extremsituationen gewöhnt ist, bestätigte diese unkontrollierbare Angst während und nach dem Experiment. Ein weiteres Problem ist die Dichte des Kohlenstoffdioxids: Sie ist höher als die des Sauerstoffs und lässt das Gas deshalb auf die Wasseroberfläche absinken. Also genau auf die Höhe des Gesichts des Schiffbrüchigen. Dadurch wird noch mehr Kohlenstoffdioxid eingeatmet.

Ein Teufelskreis beginnt: Der Körper reagiert schnell und empfindlich auf zu hohe Kohlenstoffdioxidkonzentrationen, da sie für ihn sehr schädlich sind. Die Folgen einer zu hohen Konzentration des Gases im Körper sind unter anderem Schwindel sowie ein schneller Anstieg des Blutdrucks bis hin zur Bewusstlosigkeit. Erreicht die Kohlenstoffdioxidkonzentration in einem Raum einen Anteil von ca. acht Prozent, stirbt ein Mensch nach spätestens einer Stunde! Die Folge der Abwehr des Körpers ist

Panik: Der Puls wird nochmals beschleunigt, und eine verstärkte Atmung setzt ein, was wieder zu einer Abgabe von mehr Kohlenstoffdioxid führt. Das Kopfball-Team brach den Versuch nach 30 Minuten ab, da eine gesundheitsgefährdende Konzentration des Gases in dem Raum gemessen wurde und auch die Teilnehmer in diesem Moment aufgeben wollten.

Das Überleben in einer Luftblase in einem sinkenden Schiff hängt also von mehreren Komponenten ab. Wichtig ist hierbei vor allem die Größe der Blase.

Eine entscheidende Rolle kann auch die Temperatur des Wassers spielen, die schnell zu Unterkühlungen führen kann. Der nervliche Zustand des Schiffbrüchigen ist für die Überlebenschancen ebenfalls ausschlaggebend.

Kann man sich aus einem Sessellift befreien, wenn man vergessen wurde?

Wer in einem Sessellift über die verschneiten Berglandschaften getragen wird, macht sich eventuell Gedanken darüber, was passiert, wenn der Lift stehen bleibt. Das haben bestimmt auch schon viele Menschen erlebt. Aber was geschieht, wenn der Lift gar nicht mehr weiterfährt? Wenn man in eiskalter Höhe gefangen ist?

Die erste Idee der beiden Kopfball-Reporter Dirk und Klas, nachdem sie sich eben dieser Situation ausgesetzt hatten, war: springen. Doch dabei ist höchste Vorsicht geboten, denn durch die verschneite Landschaft wirkt die Höhe wesentlich geringer, als sie tatsächlich ist. Im Fall unseres Experiments wären es beinahe zehn Meter gewesen – mit einem Aufprall von ungefähr 50 Stundenkilometern. Der Dummy, der benutzt wurde, um den Sprung nachzustellen, ist durch ganze 1,80 Meter Schnee geschossen, um dann mit dem Kopf auf Granitplatten zu landen.

Die beiden Reporter überlegten als Nächstes, ob es dann nicht vielleicht besser wäre, über den Sessel an das Stahlseil, das die Sessel trägt, zu gelangen. Von dort könnte man zum nächsten Stützpfeiler klettern und über die Leiter absteigen. Doch der Versuch zeigte: Das ist kräftemäßig für einen normalen Menschen nicht machbar.

Es gibt drei offensichtliche Varianten, wie man sich aus einem Sessellift befreien kann: abspringen, sich an einem aus Kleidung geknüpften Seil herunterlassen oder über das Drahtseil zum nächsten Stützpfeiler klettern. Aber sind sie auch in der Realität machbar? Auf jeden Fall sind alle drei Versionen gefährlicher, als sie auf den ersten Blick erscheinen!

Der letzte rettende Gedanke: Abseilen mithilfe der Kleidung. Aber auch das schlägt fehl. Obwohl sich die Skibekleidung als sehr reißfest entpuppte, war das dadurch entstandene »Seil« zu kurz, und derjenige, der heil am Boden angekommen wäre, hätte dann keine wärmende Kleidung mehr. Die beste Reaktion in einem solchen Fall ist: Ruhe bewahren. Denn jeder Lift, der stecken bleibt und in dem sich Passagiere befinden, muss in maximal anderthalb Stunden räumbar sein. Das heißt, dass spätestens dann die Bergwacht kommt und die Menschen aus ihrer Lage befreit.

Auch die Angst, über Nacht im Lift vergessen zu werden, ist wohl eher ein guter Stoff für Filme. Jeder Sessel hat eine Nummer, und sobald der letzte Gast in der Talstation seinen Sessel besteigt, wird die Nummer dieses Sessels an die Bergstation gefunkt. Ab dann muss oben nur noch gewartet werden, bis der Sessel mit der durchgegebenen Nummer ankommt.

Und für den Fall, dass tatsächlich all diese Sicherheitsmaßnahmen nicht gegriffen haben, hat heutzutage ja fast jeder ein Mobiltelefon, mit dem er Hilfe herbeirufen könnte.

Wie überlebt man einen Einbruch ins Eis?

Im Winter ist Eislaufen ein beliebter Sport, und am meisten Spaß macht es sicherlich auf den natürlichen Eisflächen, den zugefrorenen Seen. Aber oft ist die Eisdecke nicht dick genug, um die Schlittschuhfahrer zu tragen. In diesen Fällen signalisieren die Warnschilder an den Ufern, dass bei Betreten des Eises Lebensgefahr besteht. Was passiert, wenn man trotzdem das Eis betritt und einbricht? Welche Chancen hat man, sich selbst aus der gefährlichen Lage zu befreien?

Das testete Kopfball-Reporter Adrian im Selbstversuch: Er lief auf einem nicht ganz zugefrorenen See mit Schlittschuhen und wartete, bis er einbrach. Das dauert bei der dünnen Eisschicht nicht lange. Wegen des Schocks beim Einbruch in das Eis beschleunigte sich als Erstes seine Atmung. Er versuchte panisch, sich aus dem Wasser zu kämpfen, das unter der Oberfläche nur ein Grad hatte. Dadurch wurde das Loch aber immer größer. Die Eisflächen um ihn herum brachen bei jedem Versuch, sich herauszuziehen, unter der Last ab. Außerdem saugte sich Adrians Kleidung schnell mit Wasser voll und zog ihn immer mehr nach unten.

Ihm blieb nicht viel Zeit, denn in den nächsten Phasen des Kälteschocks stellt der Körper die Durchblutung in den Extremitäten wie Fingern, Armen und Beinen ein. Dabei werden die Hände taub, und es ist nicht mehr möglich, sich gezielt zu bewegen. Nach 20 Minuten mussten die Rettungstaucher, die sich bereit erklärt hatten, das Experiment zu überwachen, einschreiten. Aber sogar einer der Retter brach mit in das Eisloch ein. Beide konnten nur mithilfe eines Seils und eines zweiten Rettungstauchers, der auf festem Untergrund stand, gerettet werden. Adrian erklärte nach der Rettungsaktion, dass er die 20 Minuten nur wegen des Trockenanzugs, den er unter der Kleidung trug, überstanden habe. Ansonsten wäre das eiskalte Wasser durch seine Kleidung gedrungen, und die Erfrierungserscheinungen wären überall und wesentlich schneller aufgetreten.

Für die Rettungsschwimmer ist eine solche Situation Routine, denn allein in Bayern werden pro Winter ca. 100 Menschen aus dem Eis gerettet. Sie erklärten dem Kopfball-Team, dass ein Mensch im Eis unter normalen Bedingungen nur ungefähr fünf bis zehn Minuten Zeit hat, sich zu befreien. Denn durch die panischen Bewegungen wird noch mehr Wasser am Körper vorbeigeführt, und das kühlt ihn immer stärker aus.

Sie zeigten, was man beachten muss, um sich vielleicht selbst befreien zu können. Das wichtigste Gebot ist: Ruhe bewahren! Dann sollte man versuchen, eine dicke Eiskante zu finden, an der man sich möglichst flach auf dem Bauch liegend herausziehen kann. Wir probierten es aus, der Kopfball-Reporter ging ein zweites Mal ins Wasser. Und siehe da: Da das Loch relativ klein geblieben ist, weil die panischen Ruderbewegungen ausgeblieben sind, konnte er sich mit einem Fuß an der gegenüberliegenden Kante des Lochs abstoßen. Er befreite sich allein aus dem Wasser. Danach musste er nur noch darauf achten, weiterhin möglichst flach auf dem Eis liegend Richtung Ufer zu robben.

Ist das Einbruchsloch aber größer, sodass man sich nicht an der gegenüberliegenden Kante abdrücken kann, wird die Situation schwieriger. In diesem Fall bleibt einem nichts anderes übrig, als sich auch wieder möglichst ruhig zu verhalten und zu versuchen, sich so flach wie möglich auf dem Bauch aus dem Wasser zu ziehen. Dafür bleiben aber nur ca. zehn Minuten Zeit! Doch beim ersten Versuch unseres Reporters brachen die umliegenden Eiskanten immer wieder ein, und er hatte keine Chance, sich alleine aus dem Wasser zu ziehen. Für diesen Fall haben die Rettungsschwimmer einen weiteren Tipp: Generell sollten Eisläufer, die auf einer natürlichen Eisfläche unterwegs sind, immer zwei Eispickel im Taschenformat dabeihaben. Mit deren Hilfe könnten sie sich flach liegend aus dem Loch ziehen, indem sie sich Stück für Stück ins das umliegende Eis »einhaken«. Die Eispickel geben

Halt auf den glatten Flächen und belasten sie nur punktuell, der Druck ist geringer, und sie brechen weniger ein.

Wenn man sich tatsächlich aus eigener Kraft befreit hat, sollte man danach darauf achten, dass man immer den Weg zurück nimmt, den man gekommen ist. Denn bis zu dem Moment des Einbruchs hat einen dieses Eis ja getragen.

Für den Fall, dass man sieht, wie jemand ins Eis einbricht, gilt immer: Auf der Stelle den Notruf absetzen, denn die Hilfe kommt sofort, und es werden keine weiteren Personen in Gefahr gebracht.

Zeit für Action

?

Kann man von einem Dach herunterspringen und sich an der Regenrinne gegenüber auffangen – oder geht das nur im Film?

Einer der bekanntesten Stunts in Actionfilmen ist die Flucht eines Täters vor seinem Verfolger, bei der er von einem Haus zum anderen springt und sich nach dem Sprung an die gegenüberliegende Dachrinne klammert. Ist das realistisch oder nur ein Trick der Traumfabrik?

Um diese Frage zu beantworten, erhielt das Kopfball-Team Unterstützung von Professor Dr. Morgenstern von der Universität Aachen. Er stellte die physikalischen Berechnungen an.

Dass eine Regenrinne das Gewicht eines Menschen tragen kann, der sich nur daran festhält, war schnell geklärt. Aber wie sieht es aus, wenn dazu die Kräfte des Sprungs, also die der Fallhöhe, kommen? Physikalisch erklärte das Professor Dr. Morgenstern so: Je länger der Fall ist, desto mehr Kraft wirkt am Ende auf die Dachrinne. Bei den ersten Tests zeigte sich, dass schon bei einer Fallhöhe von einem Meter beinahe das Vierfache an Körpergewicht des Springers und bei einer Höhe von 1,80 Metern fast das Siebenfache davon auf die Rinne und die Hände des Springenden einwirkte. Im Fall des Kopfball-Reporters Klas waren das schon bei einem Meter ca. 300 Kilogramm, und er hinterließ deutliche Spuren an der Dachrinne.

Der zweite Versuch aus 1,80 Metern demonstrierte, dass der Springer ab jetzt nicht mehr in der Lage wäre, sich an der Rinne festzuhalten, da er ein Gewicht von einer halben Tonne halten müsste. Spätestens beim Sechsfachen des Körpergewichts können auch geübte Turner das Gewicht nicht mehr halten!

Deshalb benutzte das Kopfball-Team bei dem nächsten Experiment, das mit derselben Fallhöhe von 1,80 Metern stattfand, einen Dummy, um das menschliche Gewicht zu simulieren.

Getestet wurde nun die Stabilität der Rinne. Denn abgesehen davon, ob es dem Menschen möglich wäre, sich bei einem solchen Sprung festzuhalten, musste auch geprüft werden, ob eine Regenrinne dieser Belastung standhalten könnte. Die Antwort: Nein. Weder Mensch noch Dachrinne könnten einen solchen Sprung bewältigen. Es handelt sich also um reine Tricks der Filmemacher.

?

Konnten die Piraten den freien Fall vom Mast wirklich mit einem Messer im Segeltuch abbremsen?

Wieder war es ein Thema, das man aus Filmen kennt, das das Kopfball-Team auf eine neue Versuchsidee brachte: der typische Sprung des Piraten mit einem Messer in das Segeltuch, um dann – abgebremst vom Schnitt in den Stoff – nach unten zu gleiten.

Fiktion oder Wirklichkeit? Das wollte das Kopfball-Team in einem spektakulären Versuch herausfinden. Denn genau diese Szene wurde nachgestellt.

Das historische Leinen des Segeltuchs, das verwendet wurde, entsprach der Stoffzusammensetzung, die im 16. und 18. Jahrhundert üblich war. Es bestand aus imprägniertem Leinen mit einer Stärke von 500 bis 600 Gramm pro Quadratmeter. Die Klinge des Messers, das den typischen Dolchen in den Filmen ähnelte, hatte eine Dicke von lediglich zwei Millimetern. Ob das genügen würde, um den freien Fall des Reporters Burkhardt abzubremsen?

Vorab war eine wichtige Frage zu klären: Wie groß ist der Widerstand des Stoffs? Um das zu überprüfen, wurde das Messer gleichmäßig durch den Stoff gezogen. Dabei konnte der Widerstand mithilfe einer Zugwaage gemessen werden. Diese Information war für den Kopfball-Reporter, der gleich mit ungefähr 90 Kilogramm an dem Messer hängen würde, enorm wichtig. Selbstverständlich traf das Kopfball-Team auch bei diesem Versuch alle Sicherheitsvorkehrungen, und zwar sogar in doppelter Ausführung. Aber es wäre trotzdem leichtsinnig gewesen, das Experiment ohne dieses Vorwissen zu starten. Bei dem Test mit der Zugwaage leistete das Tuch ca. zehn Kilogramm Widerstand.

Aus Sicherheitsgründen konnte Burkhardt nicht wie im Film in das Segel springen, um dann das Messer in das Tuch zu stechen. Er stach das Messer erst ins Segel, als er, von den Sicherheitsgurten getragen, direkt davorhing.

Das Ergebnis war beeindruckend: Das Messer hat den Fall des Reporters im Grunde gar nicht abgebremst. Der Sturz käme also einem freien Fall von zehn Metern Höhe gleich, bei dem der Held am Ende mit beinahe 50 Stundenkilometern auf das Deck des Schiffs prallen würde. Höchstwahrscheinlich müsste er dies mit dem Leben bezahlen, nur mit viel Glück würde er schwer verletzt davonkommen.

?

Kann man einen Blitzschlag in einer Ritterrüstung überleben?

Konnten Ritter einen Blitzeinschlag in ihrer Rüstung überleben, oder sind sie vielleicht sogar bei lebendigem Leib darin verbrannt? Mit einer Blitzmaschine, die Blitze mit einer Spannung von bis zu einer Million Volt erzeugen kann, versuchte das Kopfball-Team, diese Frage zu beantworten. Der Erbauer der Maschine, Hochspannungsexperte Theo Schmitz, trat das Experiment persönlich an. Er erläuterte dem Kopfball-Team, dass eine Ritterrüstung im Grunde nichts anderes als ein Faraday'scher Käfig war. Nämlich eine durchgehende Hülle aus elektrisch leitendem Material. Solch ein Käfig schützt ja bekanntermaßen vor Blitzen.

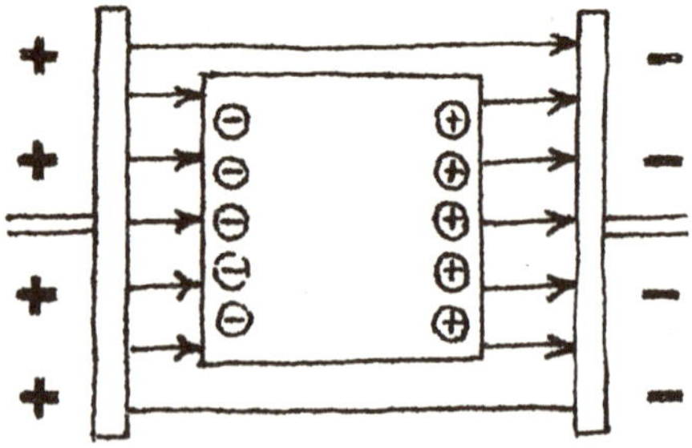

Der Faraday'sche Käfig – ein Lebensretter der Ritter? In der Theorie auf jeden Fall: Denn gelangt ein Faraday'scher Käfig – zum Beispiel durch einen Blitzschlag – in ein elektrisches Feld, dann sammeln sich die in ihm enthaltenen Elektronen durch Influenz an dem Ende, das dem positiven Pol dieses Feldes zugewandt ist. Dadurch kommt es am anderen Ende des Käfigs zu einem positiven Ladungsüberschuss. Auf diese Art und Weise entsteht im Käfig ein zweites elektrisches Feld, das dem äußeren Feld entgegengesetzt ist, sodass sich die Felder gegenseitig aufheben. Der Ritter ist in Sicherheit – rein theoretisch.

Demnach wäre eine Ritterrüstung im Prinzip ein guter Schutz bei einem Blitzschlag. Doch der Spezialist gab zu bedenken, dass die alten Rüstungen nicht durchgängig waren. Hände und Füße waren nicht komplett geschützt, und auch die anderen Teile der Rüstungen waren nur lose miteinander verbunden. Besser wäre da schon ein Kettenhemd. Doch auch die Kettenhemden der damaligen Zeit würden nur bedingt Schutz bieten, weil die einzelnen Metallringe zu groß sind. Für das Experiment hat sich der Hochspannungsexperte ein spezielles Kettenhemd anfertigen lassen. Es handelte sich um einen Ganzkörperanzug, der aus unzähligen kleinen Edelstahlringen, die eng miteinander verbunden waren, bestand. Über diesen Anzug zog er die Ritterrüstung an. Obwohl der Blitz bei dem Experiment direkt in die Hand des Experten einschlug, konnte ihm die eine Million Volt Hochspannung nichts anhaben. Der Kettenanzug wirkte tatsächlich wie ein Faraday'scher Käfig!

Was aber in einem echten Gewitter mit einer normalen Ritterrüstung geschehen würde, lässt sich nicht vorhersagen und sollte selbstverständlich auf keinen Fall ausprobiert werden!

?

Kann ein Profikletterer eine mittelalterliche Burg erstürmen?

Im Mittelalter mussten die feindlichen Truppen, um eine Burg einzunehmen, teilweise bis zu einem halben Jahr ausharren. Sie warteten darauf, dass die Bewohner der Festung nichts mehr zu essen hatten und aufgaben. Geht das nicht auch schneller, indem man Profikletterer vorausschickt, die, nachdem sie die Burgwände erklommen haben, einfach von innen öffnen könnten?

Das Kopfball-Team schickte den Profikletterer Mike Schuh auf die Mauern der Burgruine Ehrenburg an der Mosel, um zu sehen, ob es überhaupt möglich wäre, bis über die Zinnen zu kommen. Der Kletterer war dabei ausgestattet wie zur damaligen Zeit: mit einfachen Lederschuhen und Muskelkraft. Die Sicherheitsmaßnahmen blieben aber auf dem heutigen Stand, denn ein Sturz aus 20 Metern könnte für den Kletterer tödlich sein.

Um die Situation möglichst realistisch zu machen, musste Mike eine Brille aufsetzen, die den Tag zur Nacht macht. Denn ein derartiger Überfall hätte schließlich nie am Tage stattgefunden. Und auch das Schwert zum Kampf hinter den Burgmauern durfte nicht fehlen.

Trotz der brüchigen und rutschigen Schieferwand, auf der die Burg steht, gelang es dem Kletterer, die Wände zu erklimmen. Hätten also spezielle Klettereinheiten den Rittern damals die langen Wartezeiten vor den feindlichen Burgen ersparen können? Dazu gibt ein Experte für das Mittelalter zu bedenken, dass der Eindringling erstens wahrscheinlich sehr bald von den Wachen an den Zinnen bemerkt worden wäre, da so ein Aufstieg auch nicht ganz geräuschlos zu bewältigen ist. Und selbst wenn er es geschafft hätte einzudringen, hätte der Kletterer noch einige Hindernisse zu bewältigen gehabt, bis er endlich an der Zugbrücke gewesen wäre und seine Mitstreiter hätte einlassen können. Um überhaupt bis in die Vorburg zu kommen, in der sich die Zugbrücke befindet, hätte sich der Krieger etlichen Wachen stellen müssen, die auf dem gesamten Burggelände verteilt waren. Das nächste Hindernis wäre der Torturm gewesen, der Turm vor der Zugbrücke. Dieser Turm war durch zwei Türen gesichert, zwischen denen sich auch wieder Wachen befanden.

Es ist für einen Profikletterer zwar möglich, eine Burgmauer zu erklimmen, aber es wäre unmöglich gewesen, die ganze Truppe Feinde hinter der Mauer zu besiegen.

?

Bis zu welcher Geschwindigkeit kann man eine Autotür während der Fahrt öffnen?

Auf einem stillgelegten Flughafengelände testete das Kopfball-Team, bis zu welcher Geschwindigkeit man eine Autotür während der Fahrt öffnen kann. Gemeinsam mit dem Physiker Dr. Christian Notthoff von der Universität Duisburg-Essen versuchte Kopfball zu ermitteln, wie viel Druck auf die Tür wirkt und wie viel Kraft man braucht, um sie dennoch aufzustemmen.

Laut dem Physiker wird es bei jeder Geschwindigkeit möglich sein, die Tür zumindest einen Spalt weit zu öffnen. Das hängt mit der stromlinienförmigen Beschaffenheit des Autos zusammen: Die Tür liegt im Windschatten des Kotflügels. Dadurch ist es zwar immer möglich, sie zu öffnen, aber je höher die Geschwindigkeit ist, umso schwieriger wird es, die Tür aufzuhalten. Denn bei doppelter Geschwindigkeit vervierfacht sich schon die Kraft, die man braucht, um die Tür aufzustemmen. Das heißt, der Druck auf die Türfläche wird mit steigender Geschwindigkeit sprunghaft größer. Je weiter man die Tür dabei öffnet, umso größer wird die Fläche und umso höher der Druck.

Um zu messen, wie viel Kraft nötig wäre, um die Autotür auch bei Tempo 100 vollständig zu öffnen, wurde das Modell einer Tür, in der sich eine Waage befand, an das Testauto montiert. Und das Experiment bestätigte die Theorie: Bei Tempo 50 wurden 15 Kilogramm auf der Waage abgelesen, bei einer Geschwindigkeit von 100 Stundenkilometern war es das Vierfache, nämlich 60 Kilogramm. Das Ergebnis: Obwohl es einen immensen Kraftakt bedeutet, ist es sogar noch bei Tempo 230 möglich, die Beifahrertür einen Spalt zu öffnen. Hochgerechnet auf 230 Stundenkilometer müsste man also eine Kraft wie beim Hochstemmen von 316 Kilogramm aufbringen, um die Tür bei diesem Tempo ganz aufzudrücken. Die entscheidenden Faktoren sind: die Kraft des Beifahrers, die Aerodynamik des Fahrzeugs und die Fläche der Tür. Bis zu welcher tatsächlichen Endgeschwindigkeit eine Autotür noch zu öffnen ist, lässt sich nicht sagen. Denn selbstverständlich sollte man während der Fahrt nie die Autotür öffnen.

?

Kann man einen Paketwagen bei voller Fahrt ausrauben?

Laut der Staatsanwaltschaft Dortmund ist es allein im Jahr 2013 innerhalb eines halben Jahres zu 50 Überfällen auf Paketwagen gekommen. Die Überfälle sollen nachts und bei voller Fahrt ausgeübt worden sein. Dabei soll einer der Täter durch das Schiebedach eines Verfolgerwagens auf den Paketwagen geklettert sein, diesen geöffnet und die Pakete gestohlen haben. Ist das überhaupt möglich?

Kopfball fand es heraus: Auf einer gesperrten Autobahn wurde die oben genannte Szene nachgestellt. Die erste Schwierigkeit bestand in dem geringen Abstand zwischen dem Kleinlaster und dem Verfolgerauto. Würde der Fahrer des Lasters zum Beispiel nur einmal bremsen, hätte der Verfolger keine Chance mehr, auszuweichen, was für die Personen, die sich außerhalb des Autos befänden, lebensgefährliche Folgen hätte. Die zweite Schwierigkeit ist das Schloss des Paketwagens, das möglichst schnell geöffnet werden muss. Doch dafür gibt es spezielle Werkzeuge, die innerhalb von Sekunden den Schlosszylinder komplett aus dem restlichen Schloss herausreißen. Die Gegebenheiten für das Kopfball-Experiment waren im Vergleich zur Realität noch relativ harmlos: Alles passierte unter den größtmöglichen Sicherheitsvorkehrungen und am Tage. Im echten Fall wären keinerlei Sicherheitsmaßnahmen möglich, und es wäre dunkel. Der Fahrer müsste bei Tempo 80 so nah wie möglich an den Laster herankommen, aber ohne Licht, denn das würde der Fahrer des Paketwagens bemerken. Den Rest der Aktion kann er aber dann nicht erkennen, weil sich die Räuber hinter ihm im toten Winkel befinden.

Dem Kopfball-Actionteam Dirk und Burkhardt gelang der Überfall tatsächlich. Alle vier Sekunden konnten Pakete in das

Verfolgerauto gebracht werden. Die ganze Aktion dauerte also insgesamt nur zwei Minuten, und das Paketauto war ausgeraubt!

Der Beweis ist erbracht: Es ist wirklich möglich, ein Paketauto auf diese Weise auszurauben. Aber abgesehen von der Straftat ist ein derartiger Überfall absolut lebensgefährlich – und zwar für alle Beteiligten, im schlimmsten Fall auch für unbeteiligte Dritte.

?

Wieso treffen Messerwerfer immer das Ziel?

Der fünffache Europameister im Sportmesserwerfen Peter Kramer klärte das Kopfball-Team über einige Grundvoraussetzungen auf, die zum Messerwerfen gegeben sein sollten: Die Messer, mit denen geworfen wird, sind schwerer als normale. Das ermöglicht dem Werfer eine bessere Kontrolle. Der Schwerpunkt des Messers liegt in der Mitte, es ist gut austariert und dreht sich beim Wurf gleichmäßig. Genauso wichtig ist das regelmäßige Training, bei dem die Armbewegung des Wurfs immer und immer wieder geübt wird. Filmt man einen Messerwerfer beim Wurf, kann man in der Zeitlupe sehen, dass ein typischer Wurf eine Art Kreisbewegung darstellt, die im Ellbogen anfängt und auch, nachdem das Messer losgelassen wurde, noch nicht endet.

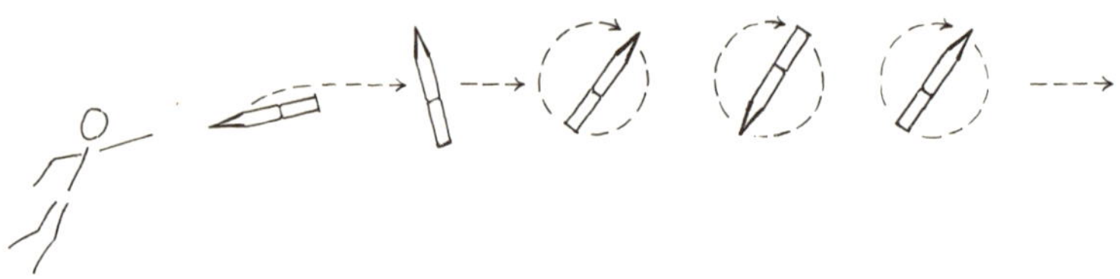

Messerwerfer nutzen eine besondere Technik, die garantiert, dass das Messer immer sein Ziel findet. Diese Technik sorgt dafür, dass der Schwerpunkt des Messers in der Mitte liegt und es sich beim Wurf gleichmäßig dreht.

Genauso wichtig für einen gelungenen Wurf ist, dass sich die Hand in dem Moment, in dem das Messer losgelassen wird, über der Zielscheibe befindet. Denn auf dem Weg zur Zielscheibe verliert es immer mehr an Höhe. Je weiter der Werfende von der Zielscheibe entfernt ist, umso besser muss er die Wurftechnik beherrschen. Und er muss die zusätzlichen Umdrehungen, die das Messer für den längeren Weg benötigt, ausgleichen. Sportmesserwerfer werfen ihre Messer übrigens nie auf lebende Ziele, nicht einmal auf Bäume. Mit der richtigen Technik, viel Übung und einer genauen Distanz zum Ziel sind die besten Voraussetzungen gegeben, um die Zielscheibe zu treffen.

?

Ist das Anfahren mit quietschenden Reifen wirklich schneller als ein konventioneller Start?

Ist der Kavalierstart, also das Anfahren mit quietschenden Reifen, ein Mythos, oder ist man mit dieser Methode am Ende doch Sieger beim Startduell? Kopfball veranstaltete ein Fahrerduell mit zwei Reportern aus dem Team. Auf einer Teststrecke in Grevenbroich traten die beiden mit zwei werkgleichen Autos gegeneinander an. Das Ergebnis: Nach vier Starts herrschte Gleichstand. Es ließ sich also auf diese Weise nicht eindeutig klären, ob die quietschenden Reifen einen Vorteil beim Starten bieten oder sich vielleicht sogar nachteilig auswirken.

Um die Frage zu beantworten, musste also genauer gemessen werden. Deshalb verlegte das Team sein Duell auf eine Reifenteststrecke in der Eifel, mit Unterstützung von Experten wie Jörg Vormfenne.

Der Experte erklärte als Erstes, welche Faktoren den größten Einfluss auf die Startphase haben: Da ist zum einen die Motorleistung und zum anderen der Reifen. Denn der Reifen muss die Leistung des Motors optimal auf die Straße übertragen.

Um die beiden Faktoren genau messen zu können, wurden an dem Testauto neue Reifen montiert und Messgeräte angebracht. Bei den Messgeräten handelte es sich unter anderem um einen Beschleunigungsmesser. Der Beschleunigungsmesser kann genau bestimmen, wie lange das Auto braucht, um auf 40 Stundenkilometer zu kommen. Durch Sensoren, die zusätzlich an den Felgen angebracht wurden, war es möglich zu zeigen, ob und wie stark die Antriebsräder beim Starten durchdrehten. Das ist im Fachjargon der sogenannte Schlupf.

Bei dem ersten Versuch wurde beim Start so beschleunigt, dass die Reifen nicht quietschten. Die Messwerte zeigten, dass das Auto 1,93 Sekunden brauchte, um auf 40 Stundenkilometer zu beschleunigen. Das Interessante war, dass auch bei einem Start ohne Quietschen der Reifen der sogenannte Schlupf gemessen werden konnte. In diesem Fall waren es drei Prozent. Das heißt, die Antriebsreifen haben sich um drei Prozent weiter gedreht als die mitlaufenden Reifen.

Obwohl man es also mit dem bloßen Auge nicht erkennen konnte und keinerlei Quietschen zu hören war, drehten auch hier die Reifen leicht durch.

Der Reifenexperte erklärte dem Kopfball-Team, dass dies an der Beschaffenheit der Reifen liege. Ein Reifen besteht aus vielen kleinen Gummistollen, und diese sind verformbar. Wenn also der Fahrer beim Starten Gas gibt, werden die Stollen verformt. Der Grad der Verformung hängt davon ab, wie viel Gas gegeben wird. Ab einem gewissen Punkt rutschen die Stollen dann von der Fahrbahn weg, und die Reifen fangen an zu quietschen.

Der zweite Versuch erfolgte mit dem berühmten Kavaliersstart. Die Reifen quietschten, und das Ergebnis der Messgeräte zeigte, dass der Testwagen schneller war als beim ersten Versuch! Er benötigte nur 1,82 Sekunden, um die 40 Stundenkilometer zu erreichen. Doch im Gegensatz zum ersten Start lag jetzt aber der »Schlupfwert« bei 20 Prozent.

Wieder klärte der Fachmann das Team auf: Trotz diesen 20 Prozent haften die Reifen noch genug auf der Fahrbahn, um die Motorkraft ideal umzusetzen. Da in diesem Fall mehr Gas gegeben wird, kommt auch mehr Kraft auf die Straße. Das Auto ist schneller als beim ersten Versuch.

Da stellt sich natürlich die nächste Frage von selbst: Ist der Start, bei dem am meisten Gas gegeben wird, dann auch der schnellste?

Nein. Der dritte Versuch machte deutlich: Wenn zu viel Gas gegeben wird, liegt der Schlupfwert bei 42 bis 43 Prozent. Das heißt, der optimale Bereich ist weit überschritten, und die Kraft des Motors kann nicht mehr optimal übertragen werden. Das

Auto ist dann sogar langsamer als das ohne die quietschenden Reifen.

Um also den perfekten Kavaliersstart hinzulegen, braucht es Gefühl. Dann ist das Anfahren mit quietschenden Reifen tatsächlich schneller. Doch spätestens wenn es anfängt zu qualmen, ist der Kavalier klar im Nachteil.

Der Reifenexperte gab auch noch zu bedenken, dass bei dieser Art des Anfahrens wichtige Teile des Autos stark verschlissen werden. Der Abrieb der Reifen ist sehr stark, und auch der Benzinverbrauch steigt an. Nicht zuletzt wird auch die Kupplung sehr in Mitleidenschaft gezogen. Solange man es nicht übertreibt, ist der Kavaliersstart also schneller, aber auch teurer.

Freizeitfragen

?

Welches Musikinstrument hört man am weitesten?

In einem ruhigen Tal im Karwendelgebirge testete das Kopfball-Team gemeinsam mit den Tiroler Musikern Georg Kreidl, Hans Wagner und Martin Moser, bekannt als die Brixlegger Alphornbläser, verschiedene Instrumente, um herauszufinden, welches am weitesten zu hören wäre. Dank einer großen Bandbreite an Instrumenten standen sehr tiefe bis sehr hohe Töne zur Verfügung. Aus einem Meter Entfernung wurde auf den verschiedenen Instrumenten ein Ton mittlerer Tonlage so laut wie möglich gespielt. Mit einem hochempfindlichen Schallpegelmessgerät wurde festgestellt, dass die Pauke mit 109,6 Dezibel das lauteste Instrument ist. Laut dem Physiker Dr. Michael Jäger, der das Experiment begleitete, hatte den naheliegenden Gedanken, dass das lauteste Instrument auch am weitesten zu hören sein sollte, zuvor noch nie jemand überprüft.

Als das Experiment begann, zeigte sich, dass bei einer Entfernung von 250 Metern zu den Instrumenten noch alle zu hören waren. Erst bei einer Distanz von 800 Metern schieden die ersten Instrumente aus. Nach ganzen 1500 Metern blieben als einzige das Bariton und das Alphorn übrig. Verblüffend, da ja aus einem Meter Entfernung die Pauke das lauteste Instrument gewesen war.

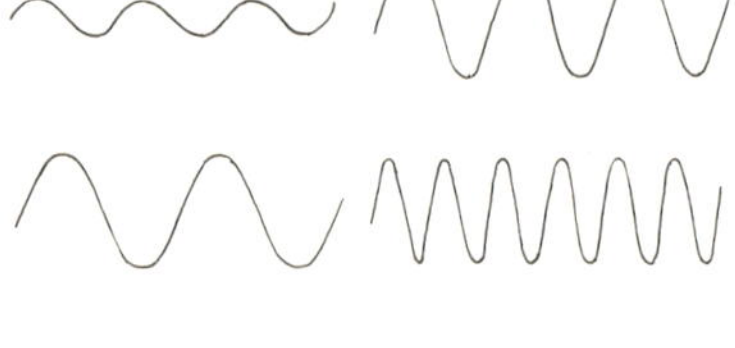

Wie weit man ein Instrument hören kann, hängt von den Schallwellen ab, die es produziert. Diese Schallwellen zeichnen sich durch zwei Aspekte aus: die Amplitude, also die Lautstärke, und die Wellenlänge, das heißt die Tonhöhe. Überraschend: Wie weit man einen Ton hören kann, hängt nicht von der Lautstärke ab.

Das heißt, die Reichweite eines Instruments hängt nicht nur von seiner Lautstärke ab. Laut dem Physiker spielen für dieses Ergebnis noch weitere Faktoren eine Rolle. Ein wesentlicher ist die Wellenlänge. Ein Instrument versetzt die Luft in Schwingungen, es entstehen Schallwellen. Für die Reichweite eines Tons ist die Länge der Schallwellen entscheidend. Je höher ein Ton ist, desto kleiner sind die Schallwellen. Diese kurzwelligen Schwingungen versiegen relativ schnell. Das Gegenteil ist bei den tiefen Tönen der Fall. Außerdem ist es wichtig, wie gerichtet das Instrument den Schall aussendet. Große Lautstärke, tiefe Töne und gerichteter Schall ergeben den Entfernungssieger: das Baritonhorn. Es war bis in zwei Kilometer Entfernung noch zu hören.

?

Kann man unter Wasser Trompete spielen?

Trompetespielen ist schon an Land nicht besonders einfach. Wenn man das Instrument beherrschen will, muss man eine bestimmte Atemtechnik erlernen und über eine starke Gesichtsmuskulatur verfügen. Gerd Keck, Bandmitglied einer Dixie-Band, stellte sich für das Kopfball-Experiment zur Verfügung. Er würde versuchen, unter Wasser Trompete zu spielen. Damit von dem Konzert überhaupt etwas zu hören war, benutzte das Team ein Hydrophon. Dabei handelt es sich um ein Unterwassermikrofon, das Forscher verwenden, um die Geräusche der Meeresbewohner aufzunehmen. Der erste Versuch scheiterte daran, dass Wasser in die Trompete eindrang. Der Trompetenspieler musste also durch kräftiges Pusten zuerst versuchen, das Wasser zu verdrängen. Nach zwei Versuchen war klar: In tiefem Wasser ist nichts zu hören. Aber wenn das Wasser flacher ist, kann man tatsächlich eine ganze Melodie spielen.

Man kann also unter Wasser Trompete spielen, sollte das aber am besten in flachem Wasser machen. Der Druck in tiefem Wasser ist so hoch, dass der Spieler nicht dagegen ankommt.

Kann man einen Computer durch ein Fenster werfen?

Wahrscheinlich kennt jeder, der mit einem Computer arbeitet, diesen Moment, in dem alles schiefgeht, der Computer abstürzt oder alle Dateien verloren gehen. Das sind die Momente, in denen man das Gerät am liebsten einfach aus dem Fenster werfen würde. Doch was würde passieren? Würde die Scheibe zu Bruch gehen oder nicht? Kopfball hat das in einer Kölner Glasfabrik ausprobiert.

Eine Einzelglasscheibe mit vier Millimeter Dicke bricht bei einem Gewicht von ca. 24 Kilogramm. Da aber die meisten Fenster aus Doppelglasscheiben bestehen, wurde zum Test ein Computer gegen diese Art Scheibe gependelt. Beim ersten Versuch passierte nichts, das Glas hielt stand. Denn der Computer wurde mit der breiten Seite auf die Scheibe geworfen. Dadurch konnte sich die Wucht des Aufpralls auf der Oberfläche der Scheibe verteilen und wurde abgefedert.

Erst als der Computer mit der Kante voraus auf die Scheibe traf, ging sie zu Bruch. Das geschah, weil sich die gesamte Wucht jetzt auf eine viel kleinere Fläche konzentrierte. Damit war die Wucht des Aufpralls jetzt fast tausendmal größer als bei dem Wurf zuvor.

Mit der richtigen Wurftechnik gelang es dann auch dem Kopfball-Reporter, den Computer so zu werfen, dass die Doppelglasscheibe zerbrach.

Handelt es sich bei den Fensterscheiben aber um Verbundsicherheitsglas, gelingt das nicht. Das Glas springt und bekommt Risse, geht jedoch nicht zu Bruch. Der Experte Jens Farnbacher erklärte, dass bei Verbundsicherheitsglas die beiden jeweils vier Millimeter dicken Scheiben mit einer extrem reißfesten Folie verbunden sind. Diese Folie hält die gesplitterten Glasstückchen zusammen.

Dieses Sicherheitsglas dient zur Schutz vor Einbrechern, kann aber auch verhindern, dass jemand durch eine kaputte Scheibe fällt. Mit der richtigen Wurftechnik kann man einen Computer aus dem Fenster werfen. Aber nur, wenn dieses nicht aus Sicherheitsglas ist.

?

Was passiert, wenn ein Blitz in ein Zelt einschlägt?

Zelten gilt als schöne Freizeitbeschäftigung – kann aber unter bestimmten Umständen tödlich sein. Das hat die Beantwortung dieser Frage gezeigt. Der Versuch wurde im Hochspannungslabor der Universität Duisburg-Essen durchgeführt. Denn dort gibt es die besten Voraussetzungen und Fachleute, die wissen, was sie tun. Die Laborblitze, die dort erzeugt werden können, haben eine Spannung von bis zu 1,4 Millionen Volt. Das ist zwar immer noch teilweise 500-mal weniger als die Kraft, die Blitze in der Natur erreichen können, für den Kopfball-Test sollte es aber ausreichen.

Der Widerstand ist entlang der Fiberglasstangen, an denen das Zelt hängt, am geringsten. Deshalb suchte sich der Blitz beim ersten Versuch seinen Weg entlang der Stangen in den Boden. Um möglichst realistische Bedingungen zu schaffen, wurde das Zelt vor dem nächsten Einschlag nass gemacht. Denn ein Gewitter ohne Regen kommt fast nie vor. Und es stellte sich die Frage, ob das Wasser den Blitz nicht über das gesamte Zelt leiten würde. Doch auch unter diesen Bedingungen war immer noch die Fiberglasstange der einfachste Weg für den Blitz, und er schlug wieder an derselben Stelle ein.

Ein Zeltausflug kann von einer harmlosen Freizeitbeschäftigung zur tödlichen Falle werden. Normalerweise sucht sich der Blitz den einfachsten Weg, bei einem Zelt sind das die Stangen. Wenn sich allerdings ein Mensch im Zelt befindet, sieht es schon wieder ganz anders aus.

Befände sich ein Mensch im Zelt, wäre er für den Blitz ein willkommener Stromleiter. Denn der menschliche Körper leitet noch besser als die Stangen des Zelts. Die Spannung könnte von den Fiberglasstangen auf den Menschen überspringen, was dieser nicht überleben könnte.

Aber selbst wenn der Blitz von der Stange direkt in den Boden läuft, sind die Chancen, dies zu überleben, sehr gering. An der Einschlagstelle entsteht im Boden eine sehr hohe Spannung, die mit zunehmender Entfernung immer geringer wird. Durch diesen Spannungsunterschied entsteht Strom, der »lieber« durch den Körper des Campers fließt, als den mühsamen Weg durch den Boden zu nehmen. Und dieser Strom ist meist tödlich. Man kann versuchen, sich vor einem Blitzeinschlag zu schützen, indem man sein Zelt neben einen Baum stellt, der als Blitzableiter wirkt. Doch auch hier muss man berücksichtigen, dass der Blitz vom Baum auf das Zelt übergehen kann. Deshalb immer einige Meter vom Baum wegbleiben, aber nicht weiter, als der Baum hoch ist.

Generell ist das Risiko, vom Blitz getroffen zu werden, doch sehr gering. Es liegt bei über 1:16 Millionen! Außerdem erreichen nur ungefähr zehn Prozent der Blitze die Erde.

Bis zu welcher Seillänge kann man auf einer Schaukel noch schaukeln?

Die Vorstellung, an extra langen Schaukelseilen zu schaukeln, ist zuerst meistens die, dass es sich anfühlen muss, als würde man fliegen. Das Schaukelgefühl wäre, je länger die Seile sind, umso intensiver. Das ist auch richtig, aber leider nur bis zu einem gewissen Grad realisierbar. Denn in der Praxis hat es durchaus seinen Grund, warum die meisten Schaukelseile nicht wesentlich länger als zwei Meter sind. Das Schaukeln ist ab einer gewissen Länge nämlich nicht mehr möglich.

Warum das so ist, zeigte das Kopfball-Team mit einem Experiment in einem Schwimmbad. Dazu hängten die Reporter vom Turm des Sprungbretts eine Schaukel, deren Seillänge verstellt werden konnte. Platz zum Schaukeln gab es genug. Doch Kopfball-Reporter Adrian, der sich dafür zur Verfügung gestellt hatte, bemerkte schnell: Mehr Seil ist nicht gleich mehr Spaß. Schon bei einer Länge der Seile von vier Metern war das Schwungnehmen und Im-Schaukeln-Bleiben ziemlich anstrengend. Und bei acht Metern Seillänge ging nichts mehr, der Reporter schaffte es nicht mehr, die Schaukel zum Schwingen zu bringen. Warum? Das erläuterte uns ein Physiker von der Universität Wuppertal. Das Entscheidende beim Schaukeln ist, wie weit sich der Schwerpunkt von der Aufhängung entfernt. Variiert man die Position des Körperschwerpunkts, versetzt man die Schaukel in Bewegung, man beschleunigt sie. Schwingt man nach vorne, lehnt man seinen Körper nach hinten. Schwingt man zurück, richtet man sich wieder auf. Der Schwerpunkt des Körpers liegt im Bereich des Bauchnabels. Wenn sich also der Schaukelnde nach hinten lehnt, ist sein Schwerpunkt weiter von der Aufhängung weg. Richtet er sich dann wieder auf, bringt er ihn wieder näher zur Aufhängung. Die Schaukel wird beschleunigt.

Aber warum funktioniert dieses Prinzip nicht auch mit langen Seilen?

Der Physiker klärt auf: Es liegt am Verhältnis. Im Sitzen kann man die Lage des Schwerpunkts um ca. 15 Zentimeter variieren. Das reicht für die normale Schaukellänge von zwei Metern. Wenn man aber zum Beispiel vier Mal längere Seile haben will, muss man auch die Lage des Körperschwerpunkts um den Faktor vier verändern. Dabei gilt auch: Je größer ein Mensch ist, desto stärker kann er seinen Schwerpunkt variieren. Deshalb können Kinder eine Seillänge über drei Meter nicht mehr zum Schwingen bringen.

Generell ist das Schaukeln an längeren Seilen tatsächlich ein viel intensiveres Gefühl. Man muss nur die entsprechende Größe und den Platz dafür haben.

Ein Stuntman erzählt

Sämtliche Kopfball-Experimente, die Gefahren bergen und für die man Spezialisten braucht, um die Situationen richtig einzuschätzen und die nötigen Sicherheitsmaßnahmen zu treffen, werden unter anderem von Dirk Gion und seinem Team betreut. Der Actionexperte ist durch seine langjährige Erfahrung als Stuntman und Stuntkoordinator immer der richtige Ansprechpartner, wenn es darum geht, die Risiken bei den Aufnahmen zu minimieren und teilweise auch die Stunts selbst zu übernehmen. Bei diesen Extremsituationen passieren natürlich manchmal auch Dinge, die Kopfball-Zuschauer oder Leser nicht mitbekommen.

Hier sind ein paar dieser Geschichten, die hinter den Kulissen stattgefunden haben, zusammengefasst, um einen Eindruck zu vermitteln, was in den Sendungen außer Wissen noch alles steckt.

Der Schrei des Reporters

Bei einem Fahrstuhldreh musste das Stuntteam Reporter Klas, der sich für das Experiment zur Verfügung gestellt hatte, zuerst eine »Teststrecke« fallen lassen, bevor man ihn »real« abstürzen lassen konnte. Nur so konnte die Länge der Auffangseile in Bezug auf sein Körpergewicht bestimmt werden.

Dafür wurde er an einem Stahlträger in zwölf Metern Höhe an acht Meter langen Seilen festgeknotet, um kurz über dem Boden abgebremst zu werden. Sein freier Fall inklusive »Bremsstretch« betrug also knapp zehn Meter. Dirk Gion beschreibt die darauffolgende Situation so:

Klas war sehr nervös. Dann inszenierte ich das Losschneiden für die Kamera. Ich zeigte ihm das Messer und sagte: »Mit diesem Messer schneide ich dich jetzt los.« Das tat ich dann auch. Beim Fallen stieß Klas einen so grauenerregenden Schrei aus, dass das ganze Film- und Sicherungsteam für einen kurzen Moment geschockt war und nach überwundener Schrecksekunde laut applaudierte. Ich habe noch nie einen Menschen so schreien gehört.

Der ausgefallene Thailand-Dreh

Für die Sendung »Experimente am Limit: Gefahr über den Wolken« flog das Kopfball-Team nach Thailand. Die Idee war, einen der Reporter gemeinsam mit dem Actionexperten in einem Passagierflugzeug auf dem Meeresboden zu versenken. Es sollte gezeigt werden, wie ein Passagier bei einer Havarie auf dem Meer doch noch aus dem Flieger entkommen kann. Zu dieser Zeit sollten in Thailand ein paar alte DC3-Flugzeuge aus der Nachkriegszeit als Tauchattraktion versenkt werden. Die Flugzeuge waren zu Kriegszeiten als sogenannte Rosinenbomber in Berlin im Einsatz.

Dirk Gion erinnert sich:

Mit den Behörden und der Firma, die die Flugzeuge versenken sollte, war alles abgeklärt. Allerdings war vielen Beteiligten nicht ganz wohl bei dem Gedanken, dass Menschen in den Fliegern sitzen, wenn sie auf 20 Meter Tiefe absinken. Als die Kopfball-Crew in Thailand ankam, näherte sich auch noch ein riesiger Tropensturm. Das Meer vor Phuket war aufgewühlt, und die Flugzeugaktion wurde nach tagelangem Hin und Her abgesagt. Der Sturm zerstörte tatsächlich die Küstenregionen von Birma.

Wir saßen auf Phuket und wollten den Film doch noch irgendwie drehen. Wir fragten die Behörden, ob wir testweise ein Flugzeug in einer ruhigen Bucht an der Ostseite von Phuket versenken dürfen. Nach einer Woche voller entnervender Diskussionen mit verschiedenen Behörden bekamen wir grünes Licht, sollten dann aber plötzlich 100.000 US-Dollar für die Aktion bezahlen. Das ganze Team fuhr nach zwei Wochen ohne Film wieder nach Hause.

Kann man sich aus einem Sessellift befreien?

In dieser Sendung wurde alles ausprobiert, was zu einer Flucht aus dem kalten Gefängnis verhelfen könnte.

Dirk Gion erinnert sich an den Dreh in den Bergen:

Das war ein herrlicher Dreh. Die Liftbetreiber hatten uns einen Lift in einem gesperrten Seitental zur Verfügung gestellt. Klas und ich saßen gefühlte zwölf Stunden bei Minusgraden und Wind im offenen Sessellift. Die Aktionen waren sehr lustig, weil Klas ständig Ideen hatte, wie er runterkommen könnte. Wobei jede Idee dabei unweigerlich zu seinem Tod geführt hätte.

Am Ende holte ich dann ein paar dünne Schnüre und eine Bandschlinge aus der Hosentasche und sagte zu ihm, dass ich keine Lust mehr hätte und jetzt abhauen würde. Dann seilte ich mich ab, und er saß weiterhin oben im Lift. Seit diesem Dreh habe ich tatsächlich immer ein solches Seilset in meinem Rucksack, wenn ich mit meinen Kindern Snowboarden bin.

Prominente fragen

?

Wie stark steigt der Meeresspiegel, wenn die gesamte Menschheit gleichzeitig ins Wasser geht?

Tom Buhrow

Nicht umsonst wird die Erde der Blaue Planet genannt. Etwa 70 Prozent der Erdoberfläche bestehen aus Wasser, das sind umgerechnet 360 Millionen Quadratkilometer. Um die Frage zu beantworten, wie stark der Meeresspiegel ansteigen würde, wenn alle sieben Milliarden Menschen gleichzeitig ins Wasser gingen, muss der Versuch im Kleinen stattfinden:

Klar ist, dass ein Mensch, der in ein mit Wasser gefülltes Becken geht, dieses verdrängt und den Wasserspiegel ansteigen lässt. Um einige Fakten zu sammeln, hat Kopfball zu einem Großexperiment aufgerufen.

120 Freiwillige tummelten sich in einem Schwimmbecken von 7,5 Metern Breite und 12,5 Metern Länge. Wichtig war, dass die Bedingungen möglichst realistisch nachgestellt werden sollten. Das heißt, die Freiwilligen mussten bis zum Hals im Wasser sein und dabei schwimmen. Das Ergebnis: Das Wasser ist um sieben Zentimeter gestiegen.

Bei der Umrechnung der Daten auf die Gesamtbevölkerung und die Größe der Meere erhielt das Kopfball-Team Unterstützung von einem Mathematiker der Universität Bonn. Dr. Thorald Räsch stellte klar: Die Wassertiefe spielt dabei keine Rolle, es zählt nur das, was dazukommt.

Hochgerechnet würde der Meeresspiegel am Ende nur um 0,000126 Zentimeter steigen. Das entspricht etwa einem Hundertstel der Dicke eines Blattes Papier. Schon aufgrund der Wellenbewegung wäre das also kaum messbar. Jeder Mensch hätte einen Abstand von ca. 200 Metern bis zum nächsten Schwimmer.

?

Kann ein Mensch ein großes Schiff mit bloßen Händen von der Hafenkante wegdrücken?

Ranga Yogeshwar

Im größten Binnenhafen Europas in Duisburg fand das Kopfball-Team die besten Bedingungen vor, um selbst zu testen, ob man ein großes Schiff mit der reinen Muskelkraft eines Menschen tatsächlich bewegen kann. Das 10 000 Tonnen schwere Schiff, das Kopfball-Reporterin Ulrike mit der Hand von der Hafenmauer wegdrücken sollte, wurde normalerweise mit drei Motoren von der Anlegestelle wegtransportiert. Die Motoren haben eine Leistung von insgesamt 5500 PS, was ungefähr sieben Formel-1-Rennwägen entspricht. Wie soll ein Mensch mit bloßer Hand also so viel Kraft aufbringen?

Ein Schiffsinspektor vor Ort stellte erste Vermutungen an. Denn die Motoren dienen nicht nur dazu, das Boot vom Ankerplatz wegzudrücken, sondern hauptsächlich dazu, es im Wasser in Bewegung zu halten. Um den Test zu starten, koppelte die Schiffscrew das Schubboot von den schwer beladenen Ladungsbehältern ab. Doch selbst dieses Schubboot kann ein stolzes Gewicht von ca. 500 Tonnen vorweisen. Das ist ungefähr so viel, wie 500 Kleinwägen zusammen auf die Wage bringen würden.

Ulrike bekam zuerst noch Unterstützung von der Crew: Es standen zehn Männer und eine Kopfball-Reporterin gegen 500 Tonnen Stahl. Und das tonnenschwere Schiff bewegte sich wirklich. Wie ist das möglich? Der Untergrund spielt die wichtigste Rolle. Die Wassermoleküle, auf denen das Schiff treibt, sind beweglich, das heißt, die Reibung ist äußerst gering. Der Kraftakt besteht in der Überwindung der Trägheit des Schiffs. Ist sie überwunden, herrscht nahezu keine Reibung, und das Schiff kann einfach weitergleiten. Schafft es die Reporterin dann auch, alleine das komplette Schiff in Bewegung zu versetzen? Das Wichtigste bei diesem Versuch ist die Ausdauer. Nur wenn es ihr gelingt, lange genug Kraft auszuüben, kann diese auf das Schiff übertragen werden. Zusätzlich müssen aber auch Wind und Wasser still sein, ansonsten hätte Ulrike keine Chance. Und tatsächlich: Die Reporterin konnte das Schiff ein Stück von der Hafenwand wegbewegen – nur mit der Kraft ihrer Hand.

Wie hoch kann ein mit Helium gefüllter Ballon steigen?

Eckart von Hirschhausen

Lässt man bei einem Fest, wie beispielsweise einer Hochzeit, mit Helium gefüllte Ballone steigen, verliert man sie relativ schnell aus den Augen. Das Kopfball-Team ließ sich von der Frage zu einem Versuch inspirieren.

Unter Laborbedingungen sollte zuerst getestet werden, welcher Ballon höher fliegt – ein prall gefüllter oder vielleicht doch eher der Ballon, in dem nicht so viel Helium enthalten ist? Da der Luftdruck in großen Höhen geringer ist, kann man diesen Effekt auch in einer Vakuumkammer simulieren.

Je weiter der Druck von außen sinkt, desto mehr kann sich das Gas im Ballon ausdehnen. Deshalb können die Ballone, die mit weniger Helium gefüllt sind, höher fliegen als die prall gefüllten. Das Gas hat mehr Platz und dadurch mehr Zeit, sich auszudehnen, bevor die Haut des Ballons reißt. Man sollte den Ballon so befüllen, dass er gerade genug Auftrieb hat, um zu steigen, plus etwas mehr, weil ein Teil des Gases entweicht.

Um zu sehen, was in der echten Atmosphäre mit den Ballonen passiert, wurden drei mit Helium gefüllte Ballone an einem Wetterballon befestigt, der sie und eine Kamera mit nach oben ziehen sollte. Der Wetterballon kann bis zu 25 Kilometer hoch steigen, und zwar inklusive der Kopfball-Konstruktion, mit über 300 Metern pro Minute. Mithilfe der Funkkamera konnten wir genau beobachten, zu welcher Zeit sich der Ballon in welcher Höhe befand. Um die Daten der Kamera auswerten zu können und zu sehen, wann die Ballone geplatzt waren, musste das Team aber erst warten, bis der Wetterballon selbst platzte. Danach fiel die Kamera an einem Fallschirm zu Boden. Das Ergebnis:

Der erste Ballon platzte bei einer Höhe von zwölf Kilometern, der letzte erst bei 17 Kilometern.

Der Physiker Patrick Glaschke, der das Experiment begleitete, war erstaunt über dieses Ergebnis, denn aufgrund der Temperatur in diesen Höhen hätten die Ballone früher platzen müssen. Bei einer Höhe von zwölf Kilometern herrscht eine Temperatur von ca. minus 60 Grad. Das hätte den Gummi der Außenhaut schon früher platzen lassen sollen. Da die Ballone aber am Wetterballon befestigt waren, der viel schneller steigt, hatte der Gummi nicht genug Zeit, sich abzukühlen und spröde zu werden, und ist deshalb später geplatzt. Unter normalen Bedingungen platzen die Heliumballone in einer Höhe von ungefähr zehn Kilometern.

Allerlei Kurioses

?

Kann man mit Fahrrädern den Strom für einen Haushalt erzeugen?

Auf jedem Fahrrad befindet sich ein kleines Stromkraftwerk: der Dynamo. Ein einziger Dynamo liefert gerade mal genug Energie, um die kleine Fahrradlampe zum Leuchten zu bringen. Wenn man aber, wie in diesem Kopfball-Versuch, einen normalen Haushalt mit sämtlichen elektronischen Geräten durch die Muskelkraft von Fahrradfahrern mit Strom versorgen will, braucht es ein stärkeres Kraftwerk. Deshalb wurden die Dynamos für das Experiment gegen Lichtmaschinen von Autos ausgetauscht.

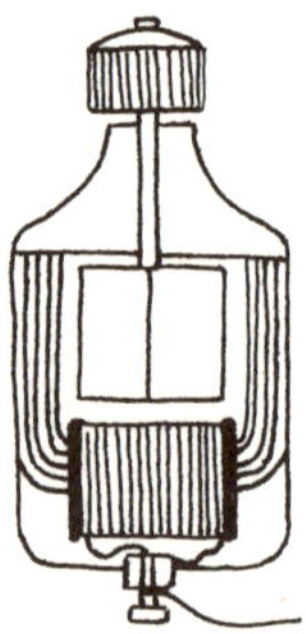

Im Fahrraddynamo wird Bewegung mithilfe eines Magnets in elektrische Energie umgewandelt. Um zu testen, ob ein Fahrrad genügend Strom für einen Haushalt erzeugen kann, braucht man jedoch einen größeren »Dynamo« – eine Lichtmaschine, wie es sie auch im Auto gibt.

Eine Lichtmaschine funktioniert nach dem gleichen Prinzip wie ein Dynamo: Sie wird vom Motor angetrieben und erzeugt dadurch Strom. Dabei handelt es sich allerdings um Gleichstrom, mit dem die Haushaltsgeräte gar nicht funktionieren würden. Deshalb musste zwischen die Lichtmaschine am Fahrrad und die Geräte im Haus ein sogenannter Wechselrichter zwischengeschaltet werden. Er transformiert Gleichstrom in Wechselstrom.

Mit einer Lichtmaschine kann man ungefähr zwölf Volt Gleichspannung erzeugen, die in 230 Volt Wechselspannung umgewandelt werden. Im Experiment wurde die normale Stromversorgung des Hauses abgeschaltet und durch die Versorgung mit dem Fahrrad ausgetauscht. Eines wurde dabei schnell klar: Ein Fahrradfahrer schafft es gerade mal, eine Lampe zum Leuchten zu bringen, und das für relativ kurze Zeit.

Um die Haushaltsgeräte mit Strom zu versorgen, bekam das Kopfball-Team Verstärkung von 15 Radfahrern. Doch selbst, als alle 15 in die Pedale traten, schafften sie es zwar, genug Strom für einzelne Geräte zu produzieren, für mehrere Haushaltsgeräte reichte die Leistung aber nicht mehr aus.

Man benötigt einen Radfahrer, um eine 100-Watt-Glühbirne zum Leuchten zu bringen, aber schon acht, um eine Mikrowelle mit Strom zu versorgen. Zwölf Fahrradfahrer leisten zusammen ungefähr 1200 Watt. Alleine für eine Spülmaschine wären somit etwa 25 Radfahrer nötig, und um einen Backofen mit vier Herdplatten funktionieren zu lassen, bräuchte man über 100 Radfahrer.

?

Verbraucht ein Auto mit 80 Stundenkilometern weniger Benzin als eines, das mit 120 Stundenkilometer fährt, obwohl es länger benötigt, um ans Ziel zu kommen?

Nehmen wir an, dass zwei gleiche Autos auf der Autobahn unterwegs sind, von denen eines mit 80 Stundenkilometern und das andere mit 120 Stundenkilometern fährt. Welches braucht für die gleiche Strecke mehr Benzin?

Obwohl man normalerweise davon ausgeht, dass das Auto mit der höheren Geschwindigkeit auch mehr Treibstoff verbraucht, bleibt noch der Zeitfaktor. Denn das Auto, das nur 80 Stundenkilometern fährt, ist länger unterwegs. Wird dann in dieser Zeit nicht auch mehr Benzin verbraucht?

Kopfball machte den Test mit zwei absolut identischen Fahrzeugen, die auch exakt dieselbe Menge an Treibstoff, nämlich zehn Liter, zur Verfügung hatten. Auf dem Lausitzring in Brandenburg haben wir ausprobiert, ob eine geringere Geschwindigkeit tatsächlich zu einem niedrigeren Verbrauch und einer größeren Reichweite führt. Die beiden Testfahrer Isabel und Burkhardt versuchten, möglichst exakt das vorgegebene Tempo einzuhalten. Eine Runde auf der Rennstrecke entspricht sechs Kilometern. Der Testfahrer mit Tempo 120 benötigte dafür drei Minuten. Bei dem Auto, das die Strecke mit 80 Stundenkilometern gefahren ist, waren es viereinhalb Minuten. Nach einer knappen Stunde hatte das schnellere Auto einen Vorsprung von ca. 40 Kilometern. Doch nach 131 Kilometern blieb der Wagen, der durchschnittlich 120 Stundenkilometer fuhr, mit einem Spritverbrauch von 7,6 Litern auf 100 Kilometer liegen. Wie viel weiter würde es das Auto, das mit 80 Stundenkilometern unterwegs war, schaffen?

Nach über zwei Stunden Fahrt hatte auch das zweite Testauto keinen Sprit mehr. Es war am Ende acht Runden mehr gefahren als das schnellere Fahrzeug – und das bei einem Benzinverbrauch von 5,3 Litern auf 100 Kilometer. Die Reichweite betrug hier 189 Kilometer.

Der Experte erklärte, dass die wichtigste Komponente in dieser Frage der Widerstand ist. Je schneller ein Auto fährt, desto höher ist der Widerstand und desto mehr Kraft muss aufgewendet werden, um das Fahrzeug zu bewegen.

Es gilt: Je schneller man fährt, umso mehr Benzin braucht man für die gleiche Strecke. Bei einer Geschwindigkeit von 80 Stundenkilometern ist der Luftwiderstrand etwa drei Mal so klein wie bei 120 Stundenkilometern, und das spart Treibstoff.

?

Welche Flasche zerbricht leichter, eine volle oder eine leere?

In der Kopfball-Werkstatt flogen die Flaschen! Die Reporter Ulrike und Isabel warfen gefüllte und leere Flaschen auf den Boden, um zu sehen, welche schneller zu Bruch gehen würden. Das Ergebnis war offensichtlich: Die vollen Flaschen sind schwerer und gehen deshalb schneller kaputt. Auf sie wirkt mehr Kraft ein, wenn sie auf dem Boden auftreffen.

Doch nicht nur das Gewicht ist ausschlaggebend dafür, dass die vollen Flaschen schneller zerbrechen. Auch der Inhalt könnte eine Auswirkung auf die Stabilität des Glases haben.

Das Kopfball-Team baute deshalb ein Experiment auf, um Bedingungen zu schaffen, unter denen das Gewicht der Flaschen keine Rolle mehr spielte, aber die gleichen Kräfte auf sie wirken konnten. Eine Stahlkugel wurde auf die Flaschen, die in einer Vorrichtung hingen, fallen gelassen, um sie zu zerstören. Die leere Flasche ging kaputt, wenn die Stahlkugel aus einer Höhe von 70 Zentimetern fallen gelassen wurde. Doch dasselbe galt auch für die volle Flasche! Hatte der Inhalt also doch keine Auswirkungen auf die Stabilität? Nun ja. Es stellte sich heraus, dass die Sache schon wieder ganz anders aussah, wenn sich in einer Flasche Sprudelwasser befand: Die Flasche mit dem Sprudelwasser zerbrach bei demselben Versuch bereits, wenn die Kugel aus einer Höhe von nur 50 Zentimetern fallen gelassen wurde. Die Erklärung dafür liegt in der Kohlensäure, die sich in Sprudelwasser befindet. Da Kohlensäure ein Gas ist, herrscht ein starker Druck auf die Wände der Flasche, das Glas steht unter Spannung. Deshalb braucht es viel weniger an Kraftaufwand beziehungsweise zusätzlichem Druck von außen, um die Flasche platzen zu lassen.

?

Warum gingen mittelalterlichen Brandpfeile beim Abschuss nicht aus?

Brandpfeile wurden schon in der Antike und später vor allem im Mittelalter bei Kämpfen eingesetzt. Wie war es zu dieser Zeit möglich, die Pfeile so zu präparieren, dass sie auf dem Weg zum Feind nicht durch den Flugwind gelöscht wurden? Denn bereits im Mittelalter flogen die Pfeile eine Strecke von 200 bis 300 Meter mit einer Geschwindigkeit von bis zu 300 Stundenkilometern! Das Kopfball-Team fragte Archäologe Harm Paulsen nach der genauen Rezeptur, die nötig war, um die Pfeile am Brennen zu halten.

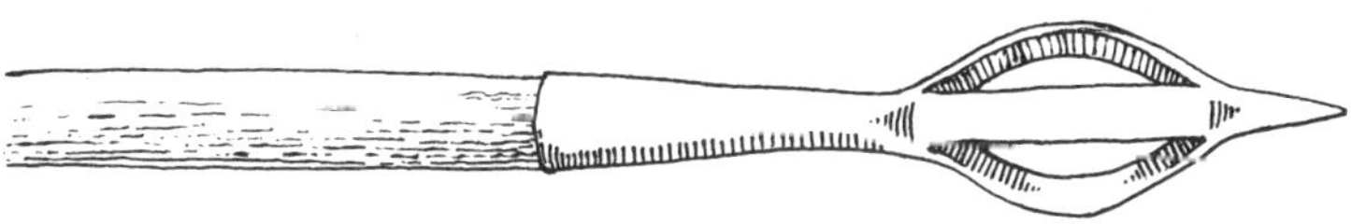

Schon im Mittelalter hatten die Menschen das Wissen, wie man einen brennenden Pfeil konstruieren muss, damit das Feuer durch den Flugwind nicht erlischt.

Manche Pfeile hatten direkt hinter der Spitze kleine Körbchen, in die Zunder gestopft wurde. Zunder stellte man aus Pilzen her, indem man die unter der obersten Schicht gelegene Haut herauspräparierte. Diese Haut sieht aus wie ein Stück Leder und glimmt, wenn sie mit Feuer in Berührung kommt. Die glimmende Zunderhaut wurde durch den Flugwind in dem Körbchen immer mehr angefacht und zu einem Glutherd. Wenn dieser Glutherd dann in einem brennbaren Ziel, wie zum Beispiel Stroh, einschlug, entzündete sich sofort ein Feuer.

Anders gebaut waren die Pfeile mit Salpeterwickel. Hierfür wurden Stofflappen in Salpeterwasser eingelegt. Salpeterwasser wurde hergestellt, indem das Salz einfach in Wasser aufgelöst wurde. Die mit dem Wasser getränkten Lappen wurden dann um den Schaft der Pfeile gewickelt und befestigt. Da in der Salpetersäure viel Sauerstoff enthalten ist, wurde der Flamme ständig genug davon geliefert, dass sie den Flugwind überstehen konnte.

Mit dem ersten Schuss der Schützen legten sie den Winkel fest, in dem sie ihre Pfeile über die Mauern der Burg schießen mussten. Danach folgten die Brandpfeile. Wichtig war aber auch, dass möglichst viele Pfeile ihr Ziel erreichten, denn umso schneller konnte sich ein Feuer entzünden. Deshalb gab es immer mehrere Schützen, die gleichzeitig schossen.

Die Schützen im Mittelalter wussten demnach genau, wie sie ihre Pfeile präparieren mussten, damit sie ihre Mission erfüllten.

Wie ist der Mythos der Meerjungfrau entstanden?

Seit Beginn der Seefahrt werden Geschichten über Wesen im Meer überliefert, die halb Fisch, halb Mensch sind. Die spezielle Legende von der Meerjungfrau selbst existiert auch bereits seit ein paar Jahrhunderten. 1493 hat Christoph Kolumbus in sein Logbuch eingetragen, dass er Meerjungfrauen gesehen hat.

Um diesem Mythos auf die Spur zu kommen, reiste das Kopfball-Team an den Golf von Mexiko und traf dort den Meeresbiologen Gerd Haegele, der sich bereit erklärt hatte, bei Suche nach den Meerjungfrauen zu helfen. Die Theorie des Biologen besagt, dass Kolumbus und die anderen Seefahrer, die glaubten, Meerjungfrauen gesehen zu haben, in Wirklichkeit Seekühen begegnet waren. Der wissenschaftliche Name der Tiere, Sirena, stützt diese Vermutung. Denn in den Sagen sind die Meerjungfrauen ja auch als Sirenen bekannt, die ganze Schiffsbesatzungen in den Untergang treiben. Seekühe leben in fast allen tropischen Gewässern der Welt und weiden auf Seegraswiesen in den Küstengewässern.

Lag es am vielen Rum, oder haben die frühen Seefahrer echte Meerjungfrauen gesichtet? Es ist eigentlich schwer vorstellbar, dass die Seefahrer die bis dahin unbekannten Seekühe für Meerjungfrauen gehalten haben.

Da die Seeleute damals alles nur von Deck aus beobachten konnten, weil sie noch keine Tauchgänge unternahmen, kann es sein, dass sie dieses Tier für eine Frau hielten. Seekühe kann man nie ganz sehen, sie gleiten unter der Oberfläche entlang und holen nur ab und zu Luft. Das, zusammen mit ihrer menschlich anmutenden Körperform, könnte zu der Legende geführt haben. Außerdem muss man berücksichtigen, dass das damalige Frauenbild ein anderes war als heute. Somit würden die molligen Rundungen der Säugetiere auch gut in die Vorstellung dieser Zeit passen.

Um einen Vergleich zwischen den Seekühen und einer Meerjungfrau herzustellen, wurde das Kopfball-Team von einer ehemaligen Profischwimmerin unterstützt, die sich eine Meerjungfrauenflosse anlegte. Sie versuchte, die Bewegungen der Tiere nachzuahmen. Aus der Seefahrerperspektive, also von oben, und unter Berücksichtigung der oben genannten Vorstellungen einer Frau konnte man eine deutliche Ähnlichkeit zwischen der Schwimmerin und den Seekühen feststellen. Und am Ende sollte man vielleicht auch den nicht gerade geringen Alkoholkonsum der damaligen Seeleute nicht außer Acht lassen.

Kann man ein Weinglas mit der Stimme zum Zerspringen bringen?

Prinzipiell können Schallwellen Glas zum Zerspringen bringen, sie müssen nur in ausreichender Stärke produziert werden und mit der richtigen Frequenz auf das Glas treffen. Diese Frequenz, die sogenannte Eigenfrequenz, ist ausschlaggebend, denn erst wenn sie getroffen wird, kann das Glas splittern. Welche dabei die richtige ist, verrät das Glas selbst, wenn man es zum Klingen bringt. Nur wenn man es mit einem Ton dieser Frequenz beschallt, kann es in genügend Schwingung versetzt werden, um zu brechen.

Die Lautstärke spielt dabei aber eine ebenso große Rolle. Das Experiment, das Kopfball in einer Fachhochschule mithilfe von Professor Christoph Pörschmann durchführte, zeigte, dass das Glas, das mit der Eigenfrequenz in Schwingung versetzt wurde, erst dann zerbrach, als die Lautstärke ungefähr die eines Düsenjets erreicht hatte. In diesem Fall waren es 128,5 Dezibel! Doch kann das, was im Tonstudio der Fachhochschule mit moderner Technik gelingt, auch mit der Stimme einer Opernsängerin gelingen? Kopfball probierte es aus und ließ eine ausgebildete Opernsängerin auf das Glas einsingen.

Sie hatte keine Chance. Das liegt daran, dass ein Mensch die Eigenfrequenz eines Glases nicht so lange und vor allem nicht so laut treffen kann. Man kann ein Glas zwar mithilfe moderner Technik zum Zerbersten bringen, aber nicht mit der eigenen Stimme.

Warum können Rauchringe so weit durch die Luft fliegen?

In der Kopfball-Werkstatt wurde eifrig gebastelt: Wie macht man eine Luftkanone? Ganz einfach: Man schneidet in die Unterseite einer Plastikmülltonne ein Loch und befestigt an der Seite, an der zuvor der Deckel war, eine stabile, aber bewegliche Folie. Fertig! Diese Kanone konnte mit Rauch befüllt werden und sollte uns zeigen, wie weit Rauchringe tatsächlich fliegen. Dazu musste man nur mit der Hand auf die Folie schlagen. Aber warum entstehen dabei gerade Ringe?

In dem Moment, in dem die Luft durch die Öffnung nach außen gepresst wird, erfährt der Luftschwall am Rand der runden Öffnung den meisten Widerstand. Das heißt, an dieser Stelle wird die Luft am stärksten abgebremst. Dadurch kann die Luft in der Mitte schneller austreten und saugt langsamere Luft vom Rand nach. Sobald der Luftstrom aus der Luftkanone abreißt, wird aber die in der Mitte des Luftstrahls ausströmende Luft abgebremst und fließt wieder seitlich zurück. Die Luft rollt sich also von innen nach außen hin auf, und es entsteht ein Ring.

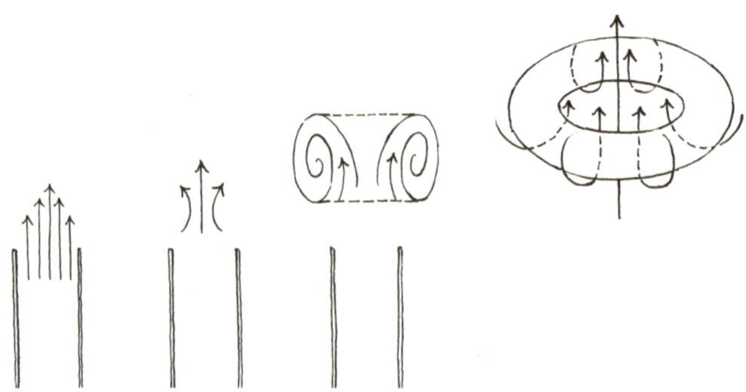

Die beiden Linien stellen die Öffnung dar, durch die der Rauch herausgepresst wird. Am Rand erfährt der Rauch den meisten Widerstand, wodurch die Luft in der Mitte schneller austreten kann: Eine Rotation und somit ein Ring entsteht.

Diese rollende Bewegung behält die Luft über einen relativ langen Zeitraum bei.

Das ist auch die Erklärung dafür, warum Rauchringe so weit fliegen können: Durch diese rollende Bewegung erfahren sie praktisch keine Reibung an der restlichen Luft, sie bleiben lange in ihrer Form und lösen sich nicht so schnell auf. Rauch, der nicht durch eine runde Öffnung gepresst wurde, zerstreut sich rascher.

?

Wie kann man einen zweieinhalb Meter langen Bratschlauch am schnellsten mit Luft füllen?

Kopfball fragte die Kölner Passanten: Wie bekommt man innerhalb von zehn Sekunden so viel Luft in den Schlauch, dass er am Ende aufgeblasen ist? Und zwar ohne Hilfsmittel wie Luftpumpen und Co. Die Befragten durften es auch gleich selbst ausprobieren. Der Ideenvielfalt der Passanten waren keine Grenzen gesetzt. Die Menschen rannten, pusteten und wedelten. Aber niemand hatte Erfolg – keiner schaffte es, den Schlauch in dieser Zeit aufzublasen. Doch Kopfball-Reporter Burkhardt gelang es, mit nur einem Atemzug in ca. zwei Sekunden den Schlauch komplett und ohne Anstrengung mit Luft zu füllen. Der Trick dabei ist, dass der Schlauch, obwohl er aussieht, als wäre er vollkommen leer, schon zur Hälfte mit Luft gefüllt ist. Denn die Luft verteilt sich natürlich auch von selbst im Inneren des Sacks.

Durch das einmalige Anpusten reißt die dadurch entstandene Luftströmung die restliche Luft von allen Seiten mit in den Sack hinein. Die Kraft dafür kommt von der Geschwindigkeit der Luft, mit der in den Sack hineingeblasen wird. Durch das Blasen beschleunigt sich die Luft – und diese reißt die benachbarten Luftschichten mit. Dadurch verlangsamt sich zwar der Luftstrom insgesamt – trägt dadurch aber ein Vielfaches an Luft mit in den Sack.

Warum verlaufen Krawattenstreifen immer von unten links nach oben rechts?

Wenn man gestreifte Krawatten genauer betrachtet, stellt man fest, dass die Streifen immer in die gleiche Richtung verlaufen. Aber wieso? Kopfball besuchte eine Krawattenfabrik, um eine Antwort zu bekommen. In der Zuschneiderei der Fabrik stellte sich Folgendes heraus: Der Krawattenstoff wird so ausgelegt, dass die Streifen von unten nach oben laufen. Das hat mit der Stoffherstellung zu tun. Anschließend muss die Krawatte diagonal im 45-Grad-Winkel zugeschnitten werden, damit sie elastisch bleibt. Die Schablone für das Zuschneiden der Krawatten wird so auf dem Stoff platziert, dass rechts mehr Platz zum Arbeiten ist als links. Diese Arbeitsweise hat sich standardisiert, weil die meisten Menschen Rechtshänder sind beziehungsweise während der Entstehungsgeschichte der Krawatte waren. Denn früher wurden Linkshänder ja noch umerzogen. Deshalb braucht man zum Schneiden und Zeichnen mehr Platz auf der rechten Seite.

In den USA ist das aber genau umgekehrt, hier verlaufen die Streifen von unten rechts nach oben links. Der Krawattenhersteller konnte auch das erklären: In den Vierziger- und Fünfzigerjahren nahmen die Arbeiter der Krawattenfabriken ihr Mittagsessen direkt am Arbeitsplatz ein. Das hatte zur Folge, dass sich immer wieder Fettflecken auf dem Stoff bildeten. Deshalb wurde der Stoff kurzerhand umgedreht und von der anderen Seite zugeschnitten. Daraus ergab sich das umgekehrte Muster. Auch diese Art der Verarbeitung hat sich eingebürgert, und auch werden die Krawatten in den USA noch auf links zugeschnitten. Der Verlauf der Streifen ist also aus rein praktischen Gründen entstanden und so beibehalten worden.

?

Sind die Bilder von der Mondlandung echt?

Immer wieder wird die Mondlandung von 1969 infrage gestellt. Sind die Beweisfotos der NASA wirklich eine Fälschung? Grund genug dafür hätten die Amerikaner gehabt, da in den Sechzigerjahren der Kalte Krieg auch vor dem Weltall keinen Halt machte. Der Start der Raketen wurde von Millionen beobachtet, eine Niederlage wäre undenkbar gewesen. Der erste Mann im All war ein Russe, und die Amerikaner gerieten dadurch unter Druck. Sind also die Hinweise auf den Fotos der NASA wie schiefe Schatten, keine Sterne am Himmel und perfekt ausgeleuchtete Bilder der Astronauten Beweise für ein Fake? Gemeinsam mit dem Raumfahrtexperten und Astrophysiker Dirk Lorenzen untersuchte Kopfball die Bilder der Mondlandung.

In einem Steinbruch stellte das Kopfball-Team bei Nacht die Landung auf dem Mond nach. Dabei wurde ausschließlich das technische Equipment der damaligen Zeit verwendet, um gleiche Voraussetzungen zu schaffen. Mit den ersten Fotos konnte auch schon einer der Mythen widerlegt werden. Denn auch auf den aktuellen Bildern waren keine Sterne im Hintergrund zu erkennen. Der Helligkeitskontrast wurde dem auf dem Mond nachempfunden, aber eine Kamera kann sich eben nicht so gut auf die Kontraste einstellen wie das menschliche Auge. Deshalb kann man die Sterne sehen, wenn man die Szene selbst anschaut, eine Kamera dagegen bildet nur bestimmte Kontrastbereiche ab: Das Licht der Sterne ist zu schwach und verschwindet auf dem Foto im schwarzen Nachthimmel.

Der zweite Mythos: die Schatten. Auf dem Mond müssten sie parallel laufen, weil es nur eine Lichtquelle gibt: die Sonne. Auf den Originalbildern kreuzen sich die Schatten aber manchmal sogar. Das liegt daran, dass der Boden auf dem Mond uneben ist.

Fällt der Schatten auf eine schiefe Fläche, wird er abgelenkt. Also sind auch die schiefen Schatten kein Hinweis auf eine Fälschung der Bilder.

Und auch der letzte Hinweis auf eine mögliche Verschwörung konnte durch das Kopfball-Experiment widerlegt werden. Die Astronauten, die sich im Schatten befinden, leuchten nicht deshalb so hell, weil sie von Studiolampen angestrahlt werden. Bei diesem Effekt handelt es sich um die Reflexion der Mondoberfläche. Durch die große Reflektionsfläche des Mondes leuchten die Astronauten auch im Schatten.

Das Kopfball-Experiment zeigte: Die Bilder der Mondlandung sind echt.

Warum nennt man Polizisten >>Bullen<<?

Dass Polizisten manchmal als »Bullen« bezeichnet werden, weiß jeder. Die Frage ist nur, woher diese Bezeichnung für die Ordnungshüter kommt. Handelt es sich um eine Beleidigung? Schlägt man in einem Lexikon nach, bekommt man die Herleitung des Wortes wie folgt erklärt: Bulle ist eine Abkürzung, die aus dem ursprünglichen Wort Polizist über die Abkürzung »Pole« entstanden ist. Andere Lexika haben aber andere Erklärungen für den Begriff. Der Vorgänger der modernen Polizei, heißt es, war der sogenannte Landpuller oder auch Boler. Diese Wörter entlehnen ihren Stamm aus dem niederländischen »Bol«. Bol steht für Kopf – und Kopf für einen klugen Menschen. Ein Bulle war also früher ein besonders kluger Kopf, und damit wäre die Bezeichnung »Bulle« alles andere als negativ. Eher sogar eine sprachliche Verneigung vor dem Landpolizisten der damaligen Zeit. Und der Begriff hatte absolut nichts mit dem Tier zu tun, wie man vielleicht vermuten könnte.

Heute ist die Bezeichnung »Bulle« sehr wohl negativ besetzt. Denn zu Beginn der Sechzigerjahre, zur Zeit der Studentenbewegung, wurde der Begriff verwendet, um die Polizisten zu provozieren. Ein Gerichtsurteil aus dem Jahre 1981 bezeichnet den Begriff »Bulle« als klare Beleidigung. Geht man jedoch weiter in der Geschichte der Rechtsprechung, findet man ein anderes Urteil aus dem Jahr 2005, das besagt, dass der Begriff umgangssprachlich als Synonym für »Polizei« genutzt wird. Wenn das Wort also wirklich nur umgangssprachlich genutzt wird, dürfte es ja eigentlich nicht als Beleidigung aufgefasst werden.

Befragt man Polizeibeamte zu diesem Thema, haben sie eine relativ einheitliche Meinung. Es kommt immer darauf an, in welcher Situation sie mit dem Begriff konfrontiert werden. Denn es macht einen großen Unterschied, ob ein Betrunkener, der sich kaum noch auf den Beinen halten kann, dieses Wort verwendet. Oder ob es jemand in vollem Bewusstsein und klar erkenntlich als Beleidigung einsetzt. In letzterem Fall wird die Beleidigung auch meistens von den Beamten zur Anzeige gebracht, und die meisten Gerichte entscheiden diesbezüglich zu ihren Gunsten. Das kann für den Angeklagten eine Strafe von bis zu 300 Euro bedeuten.

Es gibt also zwei verschiedene Herleitungen des Begriffs »Bulle«. Wie er letzten Endes beim Empfänger ankommt, hängt von der Situation und von der Art ab, wie er verwendet wird.

?

Kann man in Geld schwimmen?

Dagobert Duck macht es vor: Er schwimmt im Geld. Kann das in der Realität auch funktionieren, oder ist und bleibt das eine Traumvorstellung aus Entenhausen?

Und vor allem: Kommt man in einem Berg Geld beim Schwimmen überhaupt voran?

Um das zu testen, bräuchte man aber, nur um eine Badewanne mit Geldmünzen zu füllen, 500.000 Stück davon. Deshalb benutzte das Kopfball-Team zu diesem Zweck lieber Metallscheiben, die eine ähnliche Form wie die Geldstücke und ungefähr das gleiche Gewicht haben. Eine volle Wanne hätte ein Gewicht von ca. einer Tonne, das auf Kopfball-Reporter Burkhardt, der sich für den Versuch zur Verfügung gestellt hatte, lasten würde. Noch bevor seine Beine vollständig bedeckt sind, stellt er fest, dass er sich kaum noch bewegen kann. Auch der beliebte Kopfsprung von Dagobert Duck ist nicht unbedingt nachahmenswert, denn die Münzen sind ziemlich hart.

Anhand eines Modells erklären die Reporter, warum man nicht in Münzen schwimmen kann: Zum Schwimmen muss man das, was einen umgibt, umverteilen können. Das geht mit den Wasserteilchen ganz einfach, denn sie sind klein, leicht und sehr beweglich. Metallkügelchen in einem Behälter zu verschieben gelingt auch noch, aber es ist schon wesentlich mühsamer als mit Wasser. Die Kugelform ermöglicht die Bewegung, obwohl die Metallkugeln sehr viel schwerer sind als das Wasser.

Bei einem Behälter voll Münzen sieht das schon ganz anders aus. Bei dem Versuch, die Münzen umzuverteilen, verkeilen sie sich ineinander oder schieben sich einfach übereinander. Und selbst das gelingt nur an der Oberfläche, weiter unten lastet bereits ein zu großes Gewicht auf den Münzen, um sie richtig bewegen zu können.

Es ist also leider wirklich nur in Entenhausen möglich, in Geld zu schwimmen.

Warum hat ein Golfball keine glatte Oberfläche?

Der Vergleich eines Golfballs mit einem Minigolfball veranlasste das Kopfball-Team zu der ersten Vermutung darüber, warum ein Golfball keine glatte Oberfläche hat. Denn wahrscheinlich haben die Dellen auf der Oberfläche etwas mit den Flugeigenschaften des Balls zu tun.

Um diese Vermutung zu überprüfen, bauten die Reporter Isabel und Adrian in der Kopfball-Werksatt eine Konstruktion, die den Flug eines Golfballs simulieren sollte. Dabei konnte der Luftwiderstand des Balls gemessen werden. Der Luftdruck war bei dem Ball ohne Dellen höher als bei dem Ball mit den Vertiefungen. Das heißt, dass der Golfball im Flug weniger stark von der Luft gebremst wird als der glatte Ball.

Warum? Kopfball nutzte einen Nebel-Windkanal von der Universität Bochum, um diese Frage zu beantworten. Der Nebel-Windkanal macht Luftströmungen sichtbar. Bei dem glatten Ball entstehen starke Verwirbelungen, die auf einen hohen Widerstand hinweisen. Bei dem Ball mit den Dellen sind deutlich weniger Verwirbelungen zu erkennen. Die Vertiefungen beim Golfball sorgen also dafür, dass der Widerstand der Luft geringer als bei einem normalen Ball ist. Dies führt in der Folge dazu, dass der Golfball weiter fliegt als ein normaler Ball.

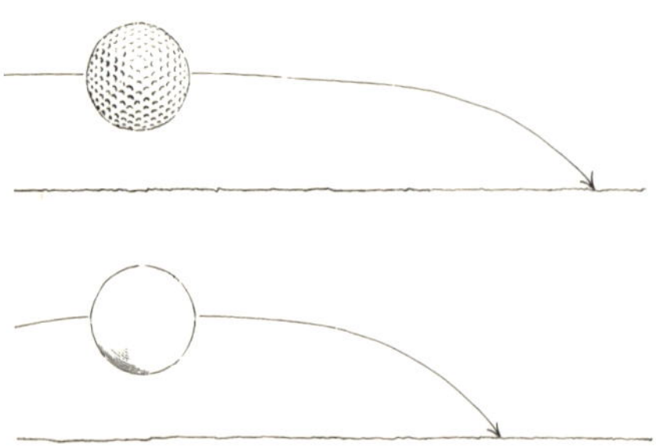

Die Dellen in der Oberfläche eines Golfballs sind unentbehrlich für dessen Flugeigenschaft. Nur durch sie sind Schläge von mehreren Hundert Metern Weite möglich. Bei Bällen ohne Vertiefungen wäre der Widerstand zu groß.

Beim nächsten Test schossen zwei Kopfball-Reporter beide Bälle mit demselben Druck ab – mit dem Ergebnis, dass der Golfball wesentlich weiter flog als der glatte Ball.

Die Annahme des Kopfball-Teams war richtig: Die Dellen reduzieren den Luftwiderstand und bewirken damit, dass Golfbälle weiter fliegen. Das ist für diesen Sport natürlich eine sehr wichtige Eigenschaft. Durch diese Beschaffenheit der Bälle sind Flugweiten von 300 Metern und mehr keine Seltenheit.

?

Wie kommen die tonnenschweren Stahlseile für eine Seilbahn auf den Berg?

Jede Seilbahn hat zwei Seile. Das eine ist das sogenannte Tragseil, das die Last der Kabinen trägt. Das andere ist das Zugseil, das für den Transport nach oben zuständig ist. Das Tragseil ist dabei wesentlich dicker als das Zugseil, weil es einer größeren Belastung standhalten muss. Deshalb sind die Tragseile unglaublich schwer. Laut den Seilbahnexperten, die Kopfball bei der Klärung dieser Frage unterstützten, liegt das Gewicht des Tragseils bei einer Berg-Tal-Strecke von ca. 2700 Metern bei 45 Tonnen! Wie gelangen also 45 Tonnen Stahlseil auf den Berg? Die anderen Bauteile wie zum Beispiel die Teile für die Stützpfeiler werden mit Helikoptern auf den Berg befördert. Aber es gibt keinen Helikopter der Welt, der die 45 Tonnen des Tragseils transportieren könnte. Die Experten für Seilbahnen nahmen das Kopfball-Team mit in die Berge, um dort das Modell einer Seilbahn zu bauen. Anhand dieses Modells konnten sie zeigen, wie die tonnenschweren Seile auf den Berg kommen. Ein 20 Kilogramm schweres Stahlseil simulierte hierbei das echte Seil. Um das Seil von der Talstation zur Bergstation zu bringen, begannen wir mit einem leichten und dünnen Seil. Dieses Seil wurde von einem Menschen auf den Berg gebracht. An das Ende des Seils wurde ein etwas stärkeres Seil gebunden, das dann nach oben gezogen werden konnte. Nach diesem Prinzip wurde der Vorgang immer weiter fortgesetzt, bis am Ende das schwerste Seil die Bergstation erreichte.

Genauso funktioniert das auch beim Bau einer echten Seilbahn. Hier werden aber im Unterschied zum Modell am Ende Maschinen eingesetzt, um die Seile nach oben zu ziehen. So wird also das tonnenschwere Stahlseil, das die Kabinen der Seilbahn trägt, Stück für Stück den Berg hinaufgezogen.